新しい石油の地政学

橋爪吉博

秀和システム

本扉画像：Evgeny Bashta / PIXTA

はじめに

ここに、『新しい石油の地政学』を上梓する。

著者にとって初めての単行本であるが、2冊目の書籍となる。前著は『図解入門業界研究 最新石油業界の動向とカラクリがよ～くわかる本』（第3版）で、石油業界全体を俯瞰的・客観的に広く概観した石油業界の概説書であった。これに対し、本書では国際石油情勢、特に原油価格の変動と国際政治経済情勢の相互関係、そして、それらの因果関係の連鎖について、石油危機以降この50年間のロシア・米国・サウジアラビアの三大産油国の盛衰を中心に論じた。もちろん、開戦3年目となったウクライナ戦争、取り組みが本格化した脱炭素、カーボン・ニュートラルとの関係も検討した。さらに、本書執筆中に発生したハマス・イスラエル紛争についても言及した。

そして、本書では、著者が40年余りの勤務経験で見た、その時々の石油（資源）情勢、原油価格の観点から、あるいは、それらを「補助線」として、国際情勢や国際関係の展開・変遷を、著者なりの大胆な見立て、仮説を交えて、定性的ながら、骨太に提示した。その意味では、国際石油情勢、原油価格動向を見続けてきた筆者の「観測結果」・「観察報告」でもある。

本書の構成については、まず、第1章の「ロシア」では、ウクライナ独立の契機となった、ソビエト連邦崩壊の最大の経済的要因は原油価格暴落にあるとの立場から、ロシアにとっての石油（資源）の意味を考察し、ウクライナ戦争との関係、さらに、最大の影響ともいえる世界の分断と脱炭素の関係を検討した。

次に、第2章の「米国」では、近代石油産業の母国である米国の歩みを中心に、メジャー国際石油資本の活動、米国と中東との関わり、シェール革命の概要とその影響、国際石油市場の変容、さらに、米国・サウジ関係の悪化について考察した。シェール革命のインパクトが米国のみならず世界にいかに大きかったかを理解していただきたい。

そして、第3章の「サウジアラビア」では、脱炭素、カーボン・ニュートラルの本格化を背景に、石油に依存した特異な国、サウジがどのように対応しているかを中心に過去の石油政策を振り返るとともに、国家戦略と石油政策の大転換を論じた。そして本章の最終節に、ハマス・イスラエル紛争を追加した。

最後に、第4章の「脱炭素の影」では、地球温暖化対策の国際的取り組みを振り返り、その到達点としてのパリ協定、カーボン・ニュートラルを解説するとともに、カーボン・プライス（炭素価格）を石油の経済的特性と燃料税制の考え方の観点から評価し、脱炭素化に伴う「痛み」・「影」の部分、そして将来の石油について説明した。

さらに「補論」として、前4章では扱えなかった、石油の「富」・「レント」の基礎となる石油の経済的優位性と問題点・課題といった石油の「財」・「商品」としての特性、また原油の価格形成、そして「地政学」に対する見方・考え方を補足しておいた。理屈っぽい話になるので、関心のある方は参照していただければ幸いである。もちろん、全体として興味ある部分だけ読んでいただければ十分である。

なお、巻末資料に、長期の「原油価格の推移」の図、「中東地図」、「石油・天然ガスの産出地域」の地図を掲載した。適宜ご参照願いたい。

当初、本書の仮題は「石油の地政学」であったが、2つの意味を込めて、「新しい石油の地政学」とした。確かに、脱炭素が現実的課題となっている今日、「新しい石油」もないが、お許しいただきたい。

第一の意味は、近年、世界の石油・エネルギー情勢が一変したことである。シェール革命によって米国は最大産油国化、これに対応してＯＰＥＣプラスが登場、さらに脱炭素も本格化した。国際石油市場は２０００年代と様変わりである。この新しい状況を踏まえるとともに、今後、脱炭素に向けて三大産油国を中心に国際石油情勢がどう動いていくか、興味を持って見守りたいという趣旨である。

第二の意味は、地政学における中心的論点の変化である。従来、石油に係る地政学については、20世紀的な産油地帯の獲得、あるいは石油へのアクセス確保といった需要国側の「陣取り合戦」

を論じる地政学が中心であった。特に、わが国では太平洋戦争と石油危機の教訓から、日の丸原油（自主開発原油）の権益確保やホルムズ海峡・マラッカ海峡などのシーレーン問題、備蓄問題などが石油安定供給の中心的論点であった。確かに、無資源の消費国であるわが国にとっては、どれも重要な課題である。

しかし、今日的な国際問題として、石油危機後、原油価格の変動が激しくなったことで、産油国（供給国）側の石油収入、つまり石油の「富」が国際情勢に大きな影響を与えるようになった。これも"石油の地政学"として、認識されるべきではないかとの問題意識を持って、「新しい石油の地政学」とした。こうした「新しい」国際石油情勢の見方を問いたい。

20世紀の豊かさの実現に、石油の大きな貢献があったことは間違いなく、「こんな時代もあった」と記憶しておいていただければ、幸いである。

第2章 米国：シェール革命とエネルギー自立

第3章　サウジアラビア：脱炭素への国家戦略転換

第4章　脱炭素の影

補論　石油の「富」・「レント」を考える

第1章

ロシア：
ソ連崩壊から
ウクライナ戦争へ

「ソ連崩壊は、20世紀最大の地政学的悲劇である」

（ウラジミール・プーチン　ロシア大統領、年次教書演説２００５年）

1-1 ソ連を倒した原油価格暴落

２０２２年２月24日のロシアによるウクライナ侵攻は、世界に衝撃を与えた。侵攻の原因は、ソ連崩壊によるウクライナ分邦・独立（１９９１年12月）に遡らざるを得ないが、そのとき何があったか、ゴルバチョフ発言、プーチン論文を手掛かりに、国際石油情勢・原油価格水準の観点から、検討してみたい。

特に、資源依存国家ロシアにとっての石油の意味、原油価格水準、すなわち石油収入・石油の「富」が、資源国に与える影響に着目する。

ロシアのウクライナ侵攻

２０２２年２月24日、突如、ロシアは隣国ウクライナに軍事侵攻した。確かに、前年末から、ロシア軍は国境線付近に移動、軍事演習を実施するなど、緊張は高まっていた。しかし、主権を有する独立国家を侵略することが、国際法上許されるはずはなく、内外の専門家の多くにとって、このタイミングでの軍事侵攻は想定外の事態であった。

プーチン大統領にとってみれば、ウクライナは、旧ソビエト連邦を構成する自治共和国の一つであったし、ロシアとウクライナは過去歴史的・文化的に一体であったと主張していることから、侵略ではなく、失った領土の回復・正常化のつもりだったのかもしれない。また、安全保障上、欧州連合（ＥＵ）と北大西洋条約機構（ＮＡＴＯ）の東方拡大、特にウクライナが加盟する事態は看過できなかったのだろう。

こうした侵攻に係るロシアの目的・プーチンの意図については、論じ尽くされている感があるが、問題は侵攻タイミングであり、この点に疑問を呈する専門家もいる（小泉悠『ウクライナ戦争』ちくま新書、２０２２年）。この点については、ロシアの国力の源泉である資源価格、その中心である原油価格を踏まえておく必要があるものと思われる。

すなわち、原油価格の推移から見て、プーチン大統領は、２０２２年2月というこのタイミングが、侵攻の「絶好のチャンス」だと思ったのではないか。まず、短期的に見て、コロナ禍からの経済回復に原油増産が追い付かず、需給ひっ迫から原油価格が上昇を続けており、国庫収入・国力が充実していることから、当面の戦費支出・占領地維持経費に困らない時期であった。次に、長期的に見ても、今後の脱炭素化・気候政策の進行で化石燃料輸出による資源立国が難しくなることが予想される中、消費国の脱炭素が本格化し、国力が衰える前、国力が充実している段階で、懸案を解決しておきたいとの気持ちが強かったのだと思う。

■ロシアの国力の源泉

ロシア（旧ソビエト連邦時代を含め）の現代史を振り返ると、原油価格ないし資源価格の高騰期には国力が充実し内政が安定するのに対し、逆に低迷期には国力が衰退し内政が混乱する例が多い。

例えば、ベルリンの壁崩壊（１９８９年11月）に象徴される東西冷戦の終結、旧ソビエト連邦の解体（１９９１年12月）、また、デフォルト（債務不履行）騒ぎなど経済的行き詰まりから、健康問題を理由にエリティィン大統領が政権を投げ出したことによる、プーチン首相（当時）の代行就任（１９９９年12月）、さらに、アフガニスタン撤退（事実上の敗退、１９８９年２月）も、原油価格低迷期であった。

逆に、ロシアが「ＢＲＩＣＳ」の一角として、経済回復を果たし発展した２０００年代は、原油価格上昇期であった。さらに、旧ソ連時代のイラン革命・第二次石油危機直後のアフガニスタン介入・侵攻（１９７９年12月）も、ジョージア介入・南オセチア侵攻（２００８年８月）も、ウクライナ戦争の前段階ともいえるクリミヤ半島併合・東部２州侵攻（２０１４年３月）も、そして、今回のウクライナ侵攻（２０２２年２月）も、原油価格高騰期であった。

ロシアとして、旧ソ連領以外への唯一の軍事介入であるシリアへの空軍進駐、シリア内戦介入は、２０１５年９月の原油価格低下期の出来事であったから、必ずしも、原油価格次第とはいえない側面もある。ただ、このときは、シリア政府軍が反体制派に化学兵器を使用した（レッドラインを超えた）にもかかわらず、米国が黙認した直後のタイミングではあった。

■ロシアにとっての石油・エネルギー資源

ロシアの国政が原油価格上昇期に安定し、低迷期に混乱する理由は、まさに、ロシアの経済構造に由来する。

ロシアは、世界第2位の産油国、世界最大の天然ガス産出国であり、その経済は、石油・天然ガス・石炭等のエネルギー資源に大きく依存している。ウクライナ侵攻以前、ロシアの平年の石油・天然ガスの輸出収入は、ＧＤＰの約30％、輸出総額の55〜60％、財政収入の45〜50％に相当するといわれ（ダニエル・ヤーギン『新しい世界の資源地図』東洋経済新報社、２０２２年）、典型的な「モノカルチャー」、資源依存の経済構造となっている。公表数字は限られているが、ロシア銀行によれば、２０２１年の石油・天然ガスの輸出額は２４００億ドルとのことである。２０２１年の平均原油価格を約70ドル、輸出量を原油・石油製品合わせて約７００万ＢＤ（ＢＤとは日量・バレルの意味。１バレル＝１５９Ｌ、石油の取引単位を指す。18世紀終わり、石油輸送に酒樽を使ったことに由来する）とすると、年間、推定約１８００億ドルになるので、価格水準が公表されていない天然ガスの輸出分を足すと、このような数字になるのであろう。

また、ロシアの原油生産コストは、バレル当たり15〜16ドルと見られる（ＰＩＷ誌、エナジー・インテリジェンス・グループ、２０１５年３月16日号）。コストと販売価格との差は、「レント」（剰

世界の原油生産量（2022年）

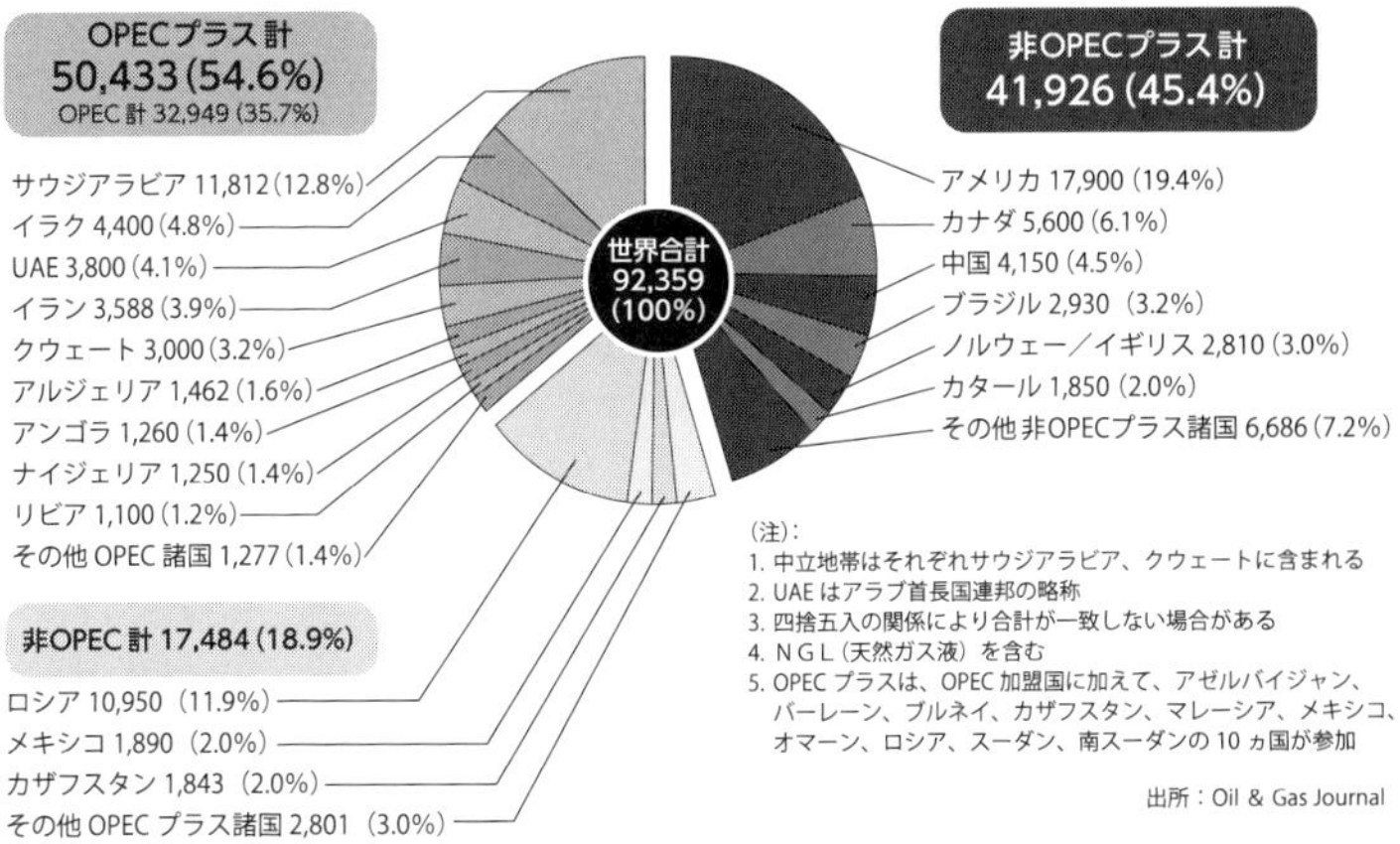

（注）：
1. 中立地帯はそれぞれサウジアラビア、クウェートに含まれる
2. UAEはアラブ首長国連邦の略称
3. 四捨五入の関係により合計が一致しない場合がある
4. NGL（天然ガス液）を含む
5. OPECプラスは、OPEC加盟国に加えて、アゼルバイジャン、バーレーン、ブルネイ、カザフスタン、マレーシア、メキシコ、オマーン、ロシア、スーダン、南スーダンの10ヵ国が参加

出所：Oil & Gas Journal

余価値、地代、不労所得）としてロシア政府の実質的収入となる。

しかも、ロシアでは、財政収入をカバーできる原油の財政必要価格42ドルを超える石油収入は特別な基金に積み立てられているといわれており、今回のウクライナ侵攻では、戦費に充当されていると見られている。したがって、ロシアの国力は、その時々の原油（資源）価格の水準に、依存することになる。

ちなみに、ロシアルーブルの対ドル為替レートは、原油価格に比例しているとよくいわれるのも、同様の理由であろう。また、プーチン大統領の支持率も、感覚的には原油価格に比例しているように思われる。原油価格高騰期には、国民への補助金や福祉の大盤振る舞いが可能だからである。無名のプーチンが大統領に正式に就任（2000年）し、国民的人気を得ていったのは、まさに、新興国需要の急増と石油市場の金融化で原油価格が上昇を続けた2000年代であった。

■東西冷戦終結・ソ連崩壊

さて、ロシアの国力と原油価格の関係について、最も掘り下げて考えておくべき事項は、プーチン大統領をして、「20世紀最大の地政学的悲劇」（２００５年年次教書演説）と言わせしめた旧ソビエト連邦崩壊であろう。

旧ソ連の崩壊・解体（１９９１年12月）は、計画経済・官僚支配の非効率性による破綻や少数民族をはじめとする国内諸勢力の民主化運動・独立運動など、色々な複合的要因が原因とされる。確かにそのとおりではあるが、個人的には、最大の要因は、サウジアラビアの「増産カード」発動を契機とする80年代後半２回の原油価格の暴落・低迷による国内の経済的行き詰まりであったと考えている。

70年代二度の石油危機を経て、原油価格は、10倍以上に上昇、80年代初め30ドル台に達したが、省エネルギー・脱石油政策の進展で石油需要が激減、北海・アラスカ等の新規油田からの増産もあって、需給は大幅に緩和、80年代半ばには10ドル台半ばに低下、86年と88年には10ドル割れを経験している。その上、ソ連は、79年からのアフガニスタンへの軍事介入が泥沼化、実質的に敗戦の状況で89年にようやく撤退するが、その戦費負担は巨大で、しかも、80年代前半のレーガン大統領の軍拡路線にも対抗、軍備を増強し、財政は破綻状態に陥っていたに違いない。

当時のポーランド、ハンガリー、東ドイツなど東欧諸国は、政治的に社会主義政権国家であり、ソ連の勢力圏にある「衛星諸国」といわれていた。経済的にも、東欧諸国は、ソ連から石炭・石

ベルリンの壁崩壊

"The fall of the Berlin Wall by Arthur bon Moltke"by Lear 21, CC BY-SA 3.0 DEED

油・天然ガスを国際価格より安価に供給され、工業品をソ連に輸出する相互依存の経済構造が成立していた（コメコン経済体制）。原油をはじめとする国際資源価格がソ連供給価格より安くなれば、エネルギー資源をソ連に依存する必要はなくなる。そうして、80年代が終わり次々と東欧諸国は民主化、自立化していった。その象徴的な出来事が「ベルリンの壁崩壊」（1989年11月）である。「金の切れ目は縁の切れ目」であった。

ソ連国内でも、1985年3月、ミハエル・ゴルバチョフが、最後の共産党書記長に就任、グラスノスチ（情報公開）・ペレストロイカ（改革）によって、国内改革を推進し、89年12月、ブッシュ大統領とマルタで会談、東西冷戦終結を宣言した。その後、ソ連は湾岸危機（90年8月）、湾岸戦争（91年1〜3月）でも、伝統的友好国イラク側に立たず、米国側と協調した。91年8月には共産党勢力が反ゴルバチョフのクーデタを起こし失敗したものの、その過程でゴルバチョフも権力を失墜、12月には、ソ連邦を構成する中核であるスラブ民族国家、ロシア・ウクライナ・ベラルーシの3国が分離独立を宣言、ソビエト連邦は解体・崩壊した。

■ゴルバチョフの「遺言」

そのゴルバチョフが、2022年8月91歳で亡くなった。西側各国では東西冷戦を終結に導いた人物として高く評価されているものの、ロシア国内ではソ連崩壊とその後の政治的・経済的混乱を招いた張本人として評判は悪いという。

2010年、ロシア専門家で外務省OB・作家の佐藤優氏が引退後のゴルバチョフ氏と面談した際、佐藤氏が「ソ連解体の最大の要因は何か？」と問うと、ゴルバチョフ氏は「サウジアラビアによる原油増産だ。原油価格の下落がソ連経済を直撃した。（中略）原油価格が国家体制に与える影響の分析ができていなかった」と答えたと紹介されている（産経新聞、2011年2月23日付）。筆者がサウジ大使館勤務時代以来、温めてきた仮説・見立てが、まさに、当事者の発言として紹介されていたのである。

すなわち、サウジは、80年代前半、世界の原油需要が減少する中、バレル当たり30ドル台にあった原油価格を維持するため、OPEC産油国を代表して一国単独で原油を減産していたが、財政ひっ迫に陥り、財政収入回復のため、原油生産シェア奪回を宣言（1985年12月）、大増産に転じた。そのため、国際石油市場は供給過剰状態に陥り、原油価格は10ドル台に低迷、86年と88

年には10ドルを切る水準まで暴落したことがある。ゴルバチョフの発言はこのことを指している。

この認識は、おそらく、ベルリンの壁崩壊後、ソ連崩壊途上の段階から、ロシア指導部内では共通認識になっていたのではないだろうか。例えば、湾岸戦争直後、1991年夏の段階で、ソ連はサウジと国交回復、リヤドのインターコンチネンタルホテル内に大使館開設準備事務所を設置していた。

後述のプーチン論文も、そうした認識・問題意識そのものであるし、民営化資源企業の再国有化（2003年〜）も、OPECプラス結成（2016年）も、それ以来のサウジとの協調関係の構築も、この認識に基づくものであろう。その意味で、この認識は、ゴルバチョフ氏の失敗からの教訓であり、ロシアの地政学的ポジションを考える上でも、極めて重要なコメントといえよう。筆者は、プーチンを含めて、将来のロシア指導者に対するゴルバチョフの一種の「遺言」ではないかと考えている。

なお、1988年春、当時副大統領のパパ・ブッシュはサウジを中心とする湾岸産油国を歴訪しており、報道では、地元テキサス州の産油業者の期待を背景に、原油価格回復のため減産を働きかけたとの観測記事が流れた。しかし、筆者は、市場経済の信奉者であるレーガン大統領がそのような出張を許すはずがなく、元CIA長官であるブッシュが、何らかの秘密協議を行ったのではないかと疑っている。

また、こうした状況をサウジからも見ていた日本人もいた。当時のサウジアラビア大使で、後に外交評論家、安倍元総理のブレーンでもあった岡崎久彦氏（故人）である。同氏は、その回顧録で、サウジ大使時代の外交活動として、サウジ石油省と対日供給原油価格の欧米並み引き下げ（ネットバック価格適用、1985年12月）を交渉したが、その決定報道（日本経済新聞のドバイ特派員電と見られる）を契機に、サウジ原油の価格暴落が始まり、それがソ連崩壊の原因になったと回想している（岡崎久彦読売新聞「時代の証言者（18）」2014年6月24日付、同『国際情勢判断・半世紀』育鵬社、2015年）。

■アフガン戦争の前例

さて、ここでソ連崩壊の一因ともなったアフガニスタン侵攻について、見ておこう。時代は、イラン宗教革命直後に遡る。

1979年12月、当時のソビエト連邦は、アフガニスタンの社会主義政権の要請があったとして、同国に軍事介入・侵攻したが、アフガンゲリラの抵抗は激しく、しかも、サウジアラビアやエジプトからイスラム教原理主義信奉者の若者が義勇兵として続々参加、米英の武器・資金援助もあって、膠着・泥沼化していった。

サウジからの義勇兵にはのちの9・11同時多発テロの「アルカーイダ」につながるウサマ・ビン・ラーデンとその一派もおり、米国にとっても、自ら「怪物」を育てたようなものでもあった。筆者がサウジに赴任していた当時も、サウジのビジネスマンや中堅官僚と話していると、イスラム教的信念から来る無神論・唯物論の共産主義・ソ連に対する嫌悪感・抵抗感はかなり強いものがあったと記憶している。その意味で、血気盛んな若者たちが、次々とアフガンに渡り、「ジハード」（聖戦）を唱えて、イスラム同胞を救うべくソ連と戦うのもわからないでもないと思ったものだった。

結局、10年余りの戦いの後、1989年12月、実質的な敗戦で、ソ連はアフガンを撤退した。ソ連にとっては、戦費負担による経済的疲弊の原因になるとともに、共産党政権の権威失墜、国内の厭戦気分、帰還兵の肉体的・精神的な障害、無気力は大きな社会問題として、ソ連崩壊の一因ともなった。

原油価格上昇期に侵攻したものの、戦闘は長期化・泥沼化、原油価格が低迷して、撤退することとなったアフガン戦争のパターンは、今回のウクライナ戦争の将来を暗示しているとの指摘もある。しかし、当分の間は脱炭素政策が続き、ＥＳＧ投資の考え方や生産設備の座礁資産化の懸念から石油・ガス投資が停滞し、増産余力が不足する中、途上国需要が伸び続ける限り原油など資源価格は高止まりすると見込まれることから、少し状況は異なるように思われる。

■プーチンの学位論文

プーチンは、1990年代、独ドレスデン駐在から失意の帰国、KGB(秘密警察)辞職後、サンクトペテルスブルグ副市長在任(94〜96年)時代、サンクトペテルスブルグ鉱山大学大学院に在籍し、1999年に「ロシア経済の発展戦略における天然資源」との准博士論文(欧米先進国での修士に相当)を提出、受理されている。論文の要旨は、①ロシアの天然資源は世界最大級、②ロシアの経済発展には天然資源の有効活用が重要、③天然資源は内政・外交にも活用可能、そのためには、資源の国家管理が必要、とする内容である(北村汎『プーチンのエネルギー戦略』北星堂書店、2008年)。プーチンの評伝やネットでは、米国人学者の翻訳論文の盗用疑惑や指導教授による代筆疑惑などのスキャンダルが、話題になることが多い。

しかし、重要な点は、彼がこのテーマを取り上げたことであり、大統領就任後、ロシアの政治指導者として、その後の彼の政策に論文の内容が忠実に反映されていることである。前述のゴルバチョフの「遺言」を聞いていたのかもしれない。特に、プーチンは、大統領就任後、エリティン時代にオリガルヒ(新興財閥)に売却・民営化した天然資源の元国営会社を2003年以降順次再国営化していった。国富・国力の源泉となる資源レントの性格からすれば、資源国としては当然のことであろう。そしていま、ウクライナ戦争の戦費調達手段のみならず、西側先進国の経済制裁に対抗する「武器」として、また、友好国・協調国をつなぎとめる「贈り物」として、ロシアは石油・天然ガスをフル活用している。

プーチン大統領

"Vladimir Putin"by kremlin.ru,CC BY 4.0 DEED

おそらく、ロシアによるOPECプラスへの参加(2016年12月)と協調減産の実施(2017年～)も、天然資源の重要性に対する認識に基づくもの、ゴルバチョフの「遺言」ともいえるソ連邦崩壊時の教訓に基づくものであり、ロシアも国際石油市場の需給調整に参加することで、サウジとともに、原油価格水準の決定・維持・管理に関与しようとした可能性が高い。当時、国営石油会社はじめロシアの石油関係者はOPECプラスの協調減産参加にこぞって反対した。蝋(ワックス)分の高いロシア原油の油井では、一度生産を停止すると、蝋分が凍結してしまい、事実上、生産再開は困難になるらしい。しかも、ロシアの油井は旧式が多く、1井当たりの産油量が少なく、自動化が遅れており、減産には人手も手間もかかるという。その意味で、協調減産・OPECプラス参加は、プーチンとノバク・エネルギー相(当時、現副首相）の高度の政治決断であったと思われる。

ロシアにとって、ＯＰＥＣプラス参加は、原油のプライステイカーからプライスメーカーへの移行を意味する。従来、原油市場の需給調整はサウジを中心とするＯＰＥＣが担ってきたが、２０１７年以降、ＯＰＥＣプラスに移行させることで、原油価格水準の決定に、サウジと並んでロシアも関与し、その責任と発言権を持つことになった。そして、サウジとの協調によって、80年代後半のようなサウジの単独増産による価格暴落シナリオ防止、すなわち、「増産カード」封じを意図したものかもしれない。その意味では、ＯＰＥＣプラス参加は、偉大なるロシアの復興、さらには、ウクライナ侵攻への準備の一環だった可能性もある。

■ウクライナの地政学的悲劇

地政学とは、一般に、地理的条件が、ある特定の国・地域の政治、経済、軍事等に与える影響を研究する学問であるといわれる。

資源大国であるロシアの隣国に位置しているだけで、ウクライナは、歴史的に、ロシアの国力の源泉である天然資源、原油価格の変動に翻弄されてきた。前述のとおり、原油価格低迷期の１９９１年12月のソ連邦解体で、中世以来の悲願の独立を果たし、国力旺盛な原油価格高騰期の２０１４年３月にはクリミヤ半島を占領され、いままた、原油高騰期、ロシアの軍事侵攻を受け、東部地域を併合されようとしている。まさに、資源大国の隣国に位置するという「地政学的悲劇」

というしかない。

しかも、ロシア産石油・天然ガスは、基本的に、現在もウクライナ国内経由のパイプラインで欧州向けに出荷されている。ウクライナにすれば、敵の戦費となる石油・天然ガスゆえ、破壊したいところであろうが、欧州各国の支持・支援をつなぎとめるためには、手を出せない。プーチンは、その点も認識した上で、侵攻したのであろう。その意味では、ウクライナ戦争は戦争国間の協力が続くという不思議な戦争でもある。

パイプラインとは、難しいものである。この意味では、パイプライン経由の石油・天然ガス輸送には、供給安定性があるのかもしれない。

ロシア・ウクライナ地図

N
モスクワ
ロシア
ベラルーシ
ポーランド
スロバキア
キーウ
ウクライナ
マウリポリ
ハンガリー
オデーサ
モルドバ
ルーマニア
黒海
クリミア半島
セバストポリ
100km
※アミカケ部分はロシア占領地域

1-2 ウクライナ戦争と国際石油市場

ウクライナ戦争で、ロシアは石油・天然ガスを「武器」として使用し、その様は、50年前の第四次中東戦争・第一次石油危機を想起させ、エネルギー安全保障の重要性を再認識させた。

本節では、ウクライナ戦争に伴う天然ガスを中心とする複合的なエネルギー危機の中で、国際石油市場はどのような影響を受けたか、特に経済制裁に着目して、検討する。

また、「世界の分断」に伴う国際石油市場の懸念事項についても、原油一物二価と原油取引の決済通貨の問題を中心に考える。

さらに、本節の最後では、対ロ経済制裁のロシアへの中長期的影響も考えたい。

■プーチンの誤算

1節でも見てきたとおり、プーチンは原油価格暴落時にソ連解体によって失ったウクライナの領土を、国力の充実した原油価格高騰期に、力づくで奪い返そうとした。しかし、2022年2月24日のウクライナ軍事侵攻からは、誤算の連続だったに違いない。

まず、弱体・無気力なロシア軍、そして、予想外のウクライナ官民の強力な抵抗、さらに、欧米の一致したウクライナへの支援・援助、特に、欧州連合（ＥＵ）・北太平洋条約機構（ＮＡＴＯ）による武器援助・エネルギーを含む経済制裁の実施は、プーチンにとって、想定外だったのではないか。米国・英国・フランスはともかく、ドイツ・イタリア・東欧諸国は、ロシアへのエネルギー依存が大きくロシアには敵対できないだろうと、考えていたように思われる。いわば、エネルギーを「人質」に取っているから、石油・天然ガスを含む経済制裁はないと思っていたのではないか（原田大輔『エネルギー危機の深層―ロシア・ウクライナ戦争と石油ガス資源の未来』ちくま新書、２０２３年）。

▩世界の分断

軍事力による独立国侵攻など、国際秩序に対する挑戦であり、許されるものではない。２０２２年２月24日の侵攻後、すぐさま、米・英・欧州連合（ＥＵ）諸国を中心に、ロシアに対し種々の経済制裁が実施された。しかし、中国・インド・インドネシア・トルコといった新興国や多くのアフリカ・南米・アジアの途上国（グローバルサウス）は、必ずしも追随しなかった。紛争が長期化する中、国家としては、正義や理念より、エネルギーや食糧の確保等、自国の経済安全保障、国民生活・産業活動を優先せざるを得ない。当然である。

権威主義国家（独裁国）と民主主義国（先進国）の世界の分断、東西冷戦の復活ともいわれる中で、両陣営とも、途上国・グローバルサウスの取り込み・支持獲得に躍起になっているのが、現状であるように思われる。先進7か国首脳会議（G7）では、ロシア非難決議は合意できても、国連安保理や主要20か国首脳会議（G20）では合意できなかった。世界では、決して民主主義国は多数派ではない、むしろ少数派である。

このような状況で、エネルギー安全保障上、気になるのは、産油国、特に、サウジアラビアやアラブ首長国連邦（UAE）といった湾岸王政産油国の帰趨である。現時点では、サウジとUAEは中立を保っており、ロシア非難決議案には、国連総会では両国とも賛成したが、国連安保理では非常任理事国のUAEは棄権した。

しかし、サウジ・UAE両国とも石油市場では、最大産油国である米国に対抗、引き続き、OPECプラスの参加国としてロシアとは協調し、原油価格の高値維持を図ることで、ロシアの戦費調達に協力する形になっている。また、サウジやUAEは、国内政治的には独裁王政国家でもあり、その意味で、今後の動向には細心の注意が必要であろう。

そもそも「OPECプラス」は、シェールオイル・ガス革命に伴う米国の「世界最大の産油国化」に対抗するため、石油輸出国機構（OPEC）の13カ国（当時）とロシアを中心とする非OPEC加盟の10カ国の産油国で、OPECに代わり原油価格維持を目的に、17年から生産調整を行っている。最近の米国とサウジの不協和音、あるいは、サウジ・ロシアの協調関係の背景には、こうした石油市場における構造変化がある。

■対ロ経済制裁の実施

侵攻開始後の早い段階である3月8日、米国は即時、英国は年末までのロシア産原油の輸入禁止の実施を決めた。その後、5月8日にはＧ７が輸入禁止を決定、5月30日にはＥＵ各国もこれに追随、原則年末までの輸入禁止とした。原則というのは、東欧諸国の中には、ハンガリー、スロバキアなど、ロシアからの原油パイプラインによる原油供給に依存している国もあり、パイプライン供給を禁止対象から除外したためである。なお、石炭・石油製品は原油同様輸入禁止の対象となったが、欧州の対ロシア依存の大きい天然ガスは輸入禁止の対象にはなっていない。むしろ、経済制裁への対応措置としてのロシア側からのＥＵ各国向け輸出停止による深刻な供給危機が発生している。ドイツの場合は、２０２２年9月のロシアからのバルト海経由のドイツ向け天然ガスパイプライン「ノルドストリーム」の犯人不明の爆破事件で、輸入停止となっている。

Ｇ７・ＥＵのロシア産原油輸入禁止に追随したのは、豪州・韓国・台湾・シンガポール程度で、途上国は追随しなかった。そのため、ロシアは、欧州向け輸出原油を中国・インド・インドネシア等のアジア友好国を中心に、サウジ・ＵＡＥ等の中東向けの輸出にもシフトした。ロシアは、輸出原油を30％割引価格で出荷しているといわれており、石油製品を含め、石油輸出量は８００万ＢＤ弱とみられている（ＩＥＡ石油市場報告）。サウジ・ＵＡＥは、安いロシア産原油を国内消費に回し、従来の国内消費分を輸出に回したとみられる。わが国も、２０２２年度は、ロシアからの原油輸入が停止され、サウジ・ＵＡＥからの原油輸入が増加している。この状況は、ロシア原油の「ロンダリング」ないし「迂回輸出」となっている。

そのため、侵攻当初、ロシアの原油生産量は、経済制裁実施により、約３００万ＢＤの減少が予想されたが、実際には侵攻前２０２１年第４四半期の１１２４ＢＤに対し、侵攻後２０２２年同期の１１２１ＢＤと、ほぼ横ばいが続き、供給不足に陥ることなく、世界の石油需給も均衡状況が続いた（ＩＥＡ石油市場報告）。

原油価格（ＷＴＩ先物価格、以下同じ）も、侵攻前日の91ドル／バレルから、ロシア減産による需給ひっ迫懸念により、侵攻直後の3月1日には１００ドル台に乗せ、米英がロシア産原油禁輸を決定した3月8日には侵攻後最高値の１２４ドル、ＥＵが禁輸を決定した5月30日には3月8日に次ぐ１１５ドルを記録した。しかし、紛争長期化の中、２０２２年下期以降は需給ひっ迫懸念は後退し、欧米先進国の利上げによる景気後退懸念もあって、年末には70ドル台まで軟化し、２０２２年秋には侵攻前水準に戻った。

■原油の一物二価の懸念

前述のように、経済制裁によってロシア産原油の輸入を巡って、石油市場にも分断が生じた。同時に、ロシア産原油は、現実には通常の市況価格から30％程度の割引価格で取引されていることから、原油価格を巡って、小規模ながら「一物二価」の現象が発生した。これも一種の市場の分断である。

さらに、ロシアの石油収入を抑制し、戦費調達を阻害するため、2022年12月5日からは、G7とEUが、船舶保険付保に係るロシア産原油上限価格（60ドル）制度を適用した。これによる原油価格の一物二価の拡大も懸念される。上限価格を超えるロシア原油は、船舶保険を付保できず、事実上取引が禁止される。これに対しては、ロシア側も対抗措置として、上限価格適用国への原油輸出は禁止するとした。

なお、当初、ロシア原油の実勢取引価格が上限価格を下回っていたことから、影響は限定的、効果は疑問と見る向きが多ったが、2023年後半の原油価格上昇傾向が出てきてからは、石油需給のひっ迫回避とロシアの石油収入抑制を両立させる有効な制度と評価されている。

現時点では、圧倒的多数の産油国（経済制裁中のイランやベネズエラを除く）が、原油価格維持を重視し、先進国だけでなく途上国に対しても、従来どおり通常価格による原油取引を行っていることから、大きな問題は生じていないが、今後、ウクライナ戦争長期化の中で、一物二価の現象が拡大し、原油価格を巡る国際石油市場の分断のさらなる進行が懸念される。

■ソ連時代の石油市場分断

国際石油市場の分断で想起されるのは、ソビエト連邦時代のコメコン（経済相互援助会議）経済ブロックである。コメコンは、第二次世界大戦後に、西欧復興のためのマーシャルプラン（欧州経済協力機構）に対抗して、ソ連と東欧社会主義諸国で1949年に設立した経済協力・貿易促進機関であるが、資源貿易についても、西側自由諸国とは独立して、一つの経済ブロックを形成していた。石油貿易も独立的で、国際エネルギー機関（ＩＥＡ）の石油市場報告においても、東西間の石油貿易は、「中央計画経済圏からの純輸出」として、把握されてだけである。１９８５年12月の純輸出は１８０万ＢＤであり、自由世界の産油量４６００ＢＤの４％に止まるものであった。

■石油の人民元決済の懸念

もう一つ、国際石油市場の分断の動きの中で懸念されるのは、「人民元」による原油取引決済の動きである。中国は、従来から中東産油国に対し、人民元決済による原油取引を働きかけてきた。現時点では、中国はロシアと一定の距離を保ちつつ動いていることは確かであるが、世界の分断の動きの中で、途上国、産油国を巻き込んで、石油取引の人民元決済を拡大していこうとすることは十分想定できる。２０２２年12月の習近平主席のサウジ訪問・ＧＣＣ（湾岸協力会議）首脳との会談の席上でも、要請があったといわれる。

石油取引のドル決済は、戦後、米国の国際金融における覇権維持の根幹であった。国際金融システムにも係る問題であろう。原油のドル決済が揺らげば、将来的に、国際紛争における経済制裁の効果が問われることにもなりかねない。

国際社会の分断の石油市場への影響として、国際石油市場の分断、特に、原油取引の一物二価・

人民元決済への懸念を挙げたが、このように、経済制裁を行う場合には、実施する側にもその影響はブーメランのように返ってくるものであり、それなりの覚悟・犠牲が必要であるということだろう。

■エネルギー安全保障の再認識

いずれにせよ、ウクライナ戦争に伴う世界的なエネルギー危機を通じて、世界各国は、エネルギー安全保障（セキュリティ）、安定供給の重要性を再認識させられた。

エネルギー安全保障は、「3E」として知られるエネルギー供給の3原則、①安定供給（Energy Security）、②環境保全（Environment）、③経済性・効率性（Economy/Efficiency）の筆頭項目である。

一般的に、エネルギー安全保障とは、「必要とされる数量のエネルギーを入手可能な価格で継続的に確保すること」を意味する（IEAウェブサイト、経済産業省ウェブサイト）。エネルギーが、産業活動・国民生活に必要不可欠である以上、当然の原則であり、国家にとっては、国防・食糧確保と並んで重要な要素である。特に石油の場合、供給側において埋蔵と生産が中東という地政学リスクの高い地域に集中していること、過去何度も供給危機に見舞われた前例があること、他方、需要側において輸送用・熱利用・原料利用と幅広い用途（汎用性）があり、必需品で非代替的用途も多いこと、また、第一次世界大戦以降は国防・軍事と密接な関係があることから、その安全保障は重要視される。供給途絶の事態を考えれば、特定のエネルギーあるいは特定供給国への依存・過度の集中は、危険であるとされている。

ウクライナ戦争で問題となったのは、欧州諸国のロシアに対する天然ガスの供給依存であった。特にドイツは、環境保全と経済性の観点からロシア産の天然ガスに対するノルドストリーム・パイプラインを通じた依存は、55%と高かった。その関係は冷戦期以来のもので、シュレイダー元首相はロシアのウクライナ侵攻まで、ロシア国営石油会社ロスネフチ社とノルドストリームの運営子会社の会長であったし、自国産石炭による石炭火力発電所や福島第1原子力発電所の事故に伴う原子力発電所の廃止計画が打ち出されてからは、CO_2排出量が石炭の半分程度のロシア産天然ガスへの依存はさらに高まった。その意味で、環境対策を重視するあまり、エネルギー安全保障を軽視したとの批判も出た。また、パイプラインによる大量輸送、長期契約による安価な天然ガス供給は国民経済的に有利でもあった。今回は、2022年9月に至り、原因・犯人共に不明な爆発事故で、ノルドストリーム・パイプラインは操業停止となり、ドイツの天然ガス供給は危機的状況に陥ったが、22～23年冬の暖冬にも助けられ、タンカー輸入する液化天然ガス（LNG）へのシフトや地下備蓄ガスの活用、石炭火力や原子力への回帰で、何とかガス不足は免れた。

その意味で、ウクライナ戦争は、エネルギー安全保障の重要性と気候政策との両立の難しさを再認識させた。同時に、欧州諸国の対応は、短期的には、政府が環境対策・脱炭素政策よりも、日常の国民生活・産業活動に係るエネルギー安全保障を優先するものであることが明確になった。

■経済制裁のロシアへの影響：中長期的衰退

プーチンの誤算として、経済制裁と欧米先進企業の撤退による石油・天然ガスの開発生産に対する中長期的影響についても、言及しておかなければならない。

すでに、2014年のクリミヤ半島侵攻に伴う経済制裁で、石油・天然ガスの開発生産に係る先端技術・高度部品の持ち込みは禁止されていたが、今回の侵攻で、シェルやBP、エクソンモービルなどメジャー石油会社だけではなく、米国のハリバートンやベーカーヒューズ、フランスのシュルンベルジェといった石油・ガス開発の専業会社は、軒並みロシアから撤退してしまった。石油業界では、メジャー石油会社といえども、石油開発には、先端技術を有するこれら専門会社を起用することが通常である。そのため、撤退によって、新規の石油・天然ガス開発はもちろんのこと、トラブル発生時の対応まで取れなくなったといわれている。各社の撤退は、経済制裁実施前で、レピュテーションリスクに備えた自主的対応であった。

これらの撤退のロシアに対する影響は、中長期的に、石油・天然ガス生産の減退となって、ボディブローのように徐々に効いてくるであろう。さらに、ロシアの生産量への影響だけではなく、同時に、世界的な石油需要のピークアウト時期・水準との関係で、将来の原油価格・ガス価格に大きな影響を与えることが懸念される。

1-3 世界の分断と脱炭素

ウクライナ戦争によって、民主主義先進国と権威主義独裁国の間に、「分断」が起こり、「東西冷戦の再開」ともいわれている。両陣営は、途上国、グローバル・サウスを自陣営に引き入れようと、綱引きをしている状況にあるが、その中で最も懸念されるのは、地球温暖化対策・脱炭素政策の行方である。

本節では、ウクライナ戦争による温暖化対策・脱炭素政策の変容について、考えてみたい。ただ、2023年12月のCOP28において、「化石燃料の**移行**」で合意できたことは、朗報であり、世界の分断の中で、温暖化対策・脱炭素の取り組みにとって、将来に希望が持てるニュースであった。

■プーチンの成果：世界の分断・脱炭素妨害

ウクライナ戦争に当たり、プーチンは誤算の連続だったと述べたが、プーチンにとって、想定外の成果もあったのではないかと思われる。それは、世界の「分断」である。

G7やEU等の先進国側と中国・北朝鮮・イラン等の独裁国の対立構図を作り出し、インド・

トルコ等のグローバル・サウス諸国やサウジ・UAE等のOPECプラス協調産油国の好意的中立姿勢、様子見姿勢の維持に成功している。ロシア非難決議は、先進国のG7では成立しても、新興国を含むG20では合意できない。民主主義国は決して世界の多数派ではない。途上国・グローバル・サウスは冷静に、エネルギーや食糧の安定供給、豊かさの実現に向けてどちらに付くのが有効か見極めている。先進国と独裁国は、途上国を自陣営に引き入れるべく綱引きをしている状況が続いている。

そして、プーチンは脱炭素政策の停滞・妨害にも成功している。ロシアも、化石燃料依存の資源国として、将来の保険をかける意味で、水素やCO_2回収貯留の技術開発には取り組んではいるものの、自ら積極的に地球温暖化対策・脱炭素化を推進しているとは思えない。

欧州では、今回のウクライナ戦争で、脱炭素政策は一時的に停滞するが、中長期的には、エネルギーの脱ロシア依存で脱炭素は加速するとの見方が多数派である。しかし、話はそう簡単ではない。国際石油市場の分断で、ロシアの先進国向け化石燃料輸出は途上国向けにシフトしている。それ以上に、脱炭素政策に今後も先進国は途上国の共感・協力が得られるのであろうか。ロシア産天然ガスの供給停止で、欧州諸国が石炭や原子力への回帰に動き、液化天然ガス（LNG）の買い占めに走る姿を見て、途上国はどう思ったのであろうか。自ら（欧州各国）は、快適な生活・経済活動維持のため、脱炭素を一時棚上げして、なりふり構わずエネルギー確保に奔走する一方で、途上国には脱炭素政策の強化を迫る姿勢は、反発を生む以外の何物でもない。

■COP27：損失・損害のための基金

２０２２年11月の第27回気候変動枠組条約締約国会議（ＣＯＰ27）では、途上国エジプトが議長国であったこともあり、初めて、気候変動による途上国の損失・損害（Loss & Damage）に対する補償基金の設置が合意された。過去の先進国の排出責任に対する衡平性・気候正義（Climate Justice）の観点からすれば当然とも思えるが、従来、先進国は途上国支援のための援助には同意しても、損失・損害（Loss & Damage）の補償に対しては頑なに拒否してきた。

このような先進国の方針転換は、ウクライナ戦争を背景に、民主主義国と権威主義国の途上国の取り込み競争の中で、地球規模での気候政策推進の空中分解を防止するとともに、国際社会で先進国側が途上国側をつなぎとめるための妥協ないしコスト負担であったように思われる。明らかに、途上国の発言力は強化された。

やはり、途上国にとっての優先課題は、人権や民主主義、気候変動ではなく、経済成長・豊かな生活の実現であろう。今回のエネルギー危機で、気候変動対策よりも豊かな生活の維持のために化石エネルギー確保を優先させた欧州先進国は、その事実に十分配慮してきただろうか。その意味では、途上国に寄り添った気候変動対策へのわが国の途上国協力は、もっと評価されるべきである。

■G7広島サミット「国情に応じた多様な道筋」

2023年6月の先進国首脳会議（G7）広島サミットでも、ウクライナ戦争を意識したエネルギー環境関連の合意が行われた。同コミュニケでは、①エネルギー安全保障、気候危機および地政学的リスクに一体的に取り組む、②ウクライナ危機による現在のエネルギー危機に対処、遅くとも2050年までにネット・ゼロ排出を達成し、エネルギー安全保障を高めるクリーン・エネルギーへの移行の必要性を強調する、③各国のエネルギー事情等の条件に応じた「多様な道筋」を認識しつつ、気温上昇を1.5度に抑えることを念頭に置く、が確認された。

いずれも、基本的考え方が確認された形だが、注目されるのは、③の「多様な道筋」との文言である。従来、気候政策については、統一的な目標のもと世界的な取り組みが重視されてきたが、初めて各国の国情に応じた多様な道筋の取り組みを認めた合意となった。これも、ウクライナ戦争による世界の分断を意識した先進国側の軌道修正といえるだろう。

なお、広島サミットに先立って、2022年末には、欧州連合は、①環境に望ましいものとしてのタクソノミー（分類）に、原子力・天然ガスを認めるとともに、②2035年以降の販売禁止対象自動車から、合成燃料使用のエンジン自動車を除外するというEV政策の修正を行うなど、気候政策を軌道修正した。

■COP28「化石燃料からの移行」

さらに、2023年11月30日から12月13日まで、アラブ首長国（UAE）のドバイで開催された第28回気候変動枠組条約締約国会議（COP28）では、①再生可能エネルギーの2030年までの3倍増加・エネルギー効率の倍増、②化石燃料からの「段階的廃止」の是非、③パリ協定に基づく5年ごとの取り組み評価（グローバルストックテイク）、④COP27で設置を決めた途上国の気候変動の損失・損害の補償のための基金の具体化、の4項目が主な論点とされた。

まず、①については、再生可能エネルギーを重視する議長国UAEの意向もあり、冒頭の首脳級会議で早々と合意された。次に、②については、「化石燃料の段階的廃止」（Phase-out）を主張する欧米諸国等とこれに反対するサウジ等産油国が対立し、今回の最大の焦点となったが、結局、2020年代の「化石燃料からの**移行**（Transition away）の加速」で合意された。このため、会期は12月13日まで1日延期された。なお、わが国政府の英訳として、伊藤環境相はマスコミが用いる「脱却」ではなく「移行」とする旨を発言したが、語感的には「移行」がより適切であると思われる。③④については、予定通り合意されたが、①②については、③のグローバルストックテイクの取り組みの一環としての位置づけで、合意文書に記載された。

産油国での開催であり、議長がUAE産業・先端技術相、兼国営石油会社最高経営責任者（CEO）のスルタン・ジャベル氏であったせいか、事前予想では成果への期待はあまり大きくはなったが、産油国であったからこそ友好国サウジの反対を抑え、ここまでの合意ができたようにも感じられる。

２０２３年の夏が史上最高気温の猛暑であったこともあり、ひとまず、温暖化対策の世界的取り組みが維持されたことは喜ばしいといえよう。

■東西冷戦終結の産物：地球温暖化対策

振り返れば、地球温暖化対策の国際的取り組みは、１９９０年前後に始まった。すなわち、冷戦終結以前は、核の脅威を前提に、東西両陣営の対立が国際社会の最大の課題であったが、東西冷戦の終結で、人類が一致団結して取り組むべき、次なる地球規模の世界的課題として、地球温暖化対策がクローズアップされたという経緯がある。90年前後には、地球環境に係る観測データも蓄積され、CO_2等の温室効果ガス（ＧＨＧ）と気温上昇に関する相関性が明らかになったこと、さらにＩＴ技術の発達で電子計算機の性能・能力が向上し、複雑なモデル計算・シミュレーションが可能となったことも、その背景にある。

すでに、１９８８年の段階で、国際連合の専門機関である国連環境計画（ＵＮＥＰ）と世界気象機関（ＷＭＯ）によって、世界の科学者のネットワーク機関として、気候変動に関する知見の収集・評価、各国政策担当者に対する助言のために、気候変動に関する政府間パネル（ＩＰＣＣ：Intergovernmental Panel for Climate Change）が設置された。しかし、具体的な取り組みの第一歩は、１９９２年４月国連総会で採択され、同年５月の国連環境開発会議（ＵＮＣＥＤ、リオサミット）

で署名が開始された「国際連合気候変動枠組条約」（ＵＮＦＣＣＣ）で、温暖化対策の国際的な枠組み・方向性、温暖化ガスの定義等を定めるものであった。

また、東西冷戦終結・ソ連崩壊の結果、世界的に市民運動の中心的課題も、反戦や体制選択に係るテーマから、環境保護・地域問題に係るものに変質した感があったし、わが国の経済学もマルクス経済学がほぼ消滅、近代経済学一色となり、マルクス経済学者の何人かは、環境経済学者として再登場した。

冷戦終結・ソ連崩壊の大きな要因が原油価格暴落であったと前述したが、その結果登場した国際的課題の新展開によって、脱炭素により、石油自体が退場することになるとは、皮肉な展開というしかない。

ただ、今日、冷戦の再開、世界の分断の中で、温暖化対策・気候政策が国際的取り組みとして、これまでのようなモメンタムを保ち継続していくことができるのだろうか。そんな懸念を抱いているのは、筆者だけであろうか。

第2章

米国：シェール革命とエネルギー自立

「シェール関連技術は、21世紀最大のイノベーションである」

（ダニエル・ヤーギン　世界的エネルギーアナリスト・ピュッリッツアー賞作家）

2-1 石油の世紀・米国の世紀

20世紀は、「石油の世紀」だといわれている。

19世紀半ば過ぎに、米国で誕生した近代石油産業の発達は、20世紀に入り、人間生活の利便性と産業の生産性・規模を飛躍的に拡大させた。特に、米国の経済力の成長は著しく、20世紀を「米国の世紀」ともした。

本節では、近代石油産業の誕生と、オイル・メジャーズ（国際石油資本）の発展・活動を解説する。石油の「富」が米国にもたらしたものを浮き彫りにしたい。

■マンハッタンの光景

１９９０年春、初めてニューヨークの街を見たときの興奮は、今も忘れることができない。赴任地リヤドからフランクフルトで乗換、ヒースロー経由のパンナム大西洋便で、夜、ＪＦケネディ空港に到着した後、イーストリバーを渡りマンハッタンに入ったとき、走る車から見た光景。片側何車線ものハイウェイを埋め尽くした自動車の洪水、オレンジと赤のライトの波、その後方の数えきれない摩天楼のイルミネーション、光の輝きが本当に眩しかった。

ニューヨークの摩天楼

このとき、理屈ではなく、感覚として、20世紀は「米国の世紀」だと思った。そして、同時に、「石油の世紀」だと思った。石油は経済的繁栄の基礎であるばかりでなく、間違いなく20世紀の文化と文明の基礎であると体感した。

当時はベルリンの壁が崩壊し（1989年11月）、ソ連のゴルバチョフ書記長はパパ・ブッシュ大統領とマルタ会談（89年12月）で東西冷戦終結を確認した直後であり、湾岸危機（イラクのクウェート侵攻、90年8月）まであと少しであった。また、国際政治経済の世界では「アメリカ一極支配」の確立が予想された時期であった。

■21世紀初頭の米国：停滞から復活へ

ところが、21世紀に入り、米国繁栄の象徴でもあった世界貿易センターが崩壊した9・11同時多発テロ（2001年）、泥沼のイラク戦争（2003年3月～

11年12月）があり、米国は何かがおかしくなってしまった。そして、サブプライムローン問題に端を発し、リーマンショック（２００８年９月）に至る金融危機、世界同時不況と原油バブルの剥落があり、自動車ビッグ３の経営危機も起こった。地球温暖化対策の高まりもあって、アメリカも、石油も、急に悪者となり、色褪せてしまった。共産主義のソ連を倒したはずの市場原理主義とイスラム原理主義に、アメリカが逆襲されたのかのようだった。

確かに、２０００年代は「ＢＲＩＣＳ」の時代といわれるように、ブラジル・ロシア・インド・中国・南アフリカ等の新興国の経済成長が著しい時期であった。そして、リーマンショックに伴う世界同時不況からも、中国の積極投資などの協力もあって、何とか乗り切れた。この協力は、後の中国の覇権的世界進出につながる。

しかし、米国はこれでは終わらなかった。２０１０年代、米国経済・米国産業は見事に再生した。その背景にも、石油・天然ガスがあった。いわゆる「シェール革命」である。詳細は後述するが、従来は生産困難と考えられていた地中深いシェール（頁岩）層に封じ込められた軽質油・天然ガスの実用化・商業化による米国の石油・天然ガスの最大生産国化・純輸出国化、エネルギー自立、エネルギーコスト低減、貿易収支黒字化などの成果である。さすが、近代石油産業発祥の地「石油の母国」というしかない。

■近代石油産業の誕生

さて、ここで近現代の石油産業の歴史を振り返る。時代は19世紀半ばに遡る。

近代石油産業は、1859年8月28日、ペンシルベニア州タイタスビルのオルクリーク河岸で、エドウィン・ドレイクが、回転式掘削機（ロータリー式リグ）を用いて、原油生産に成功したときに成立したといわれる。

当時の米国は、西部開拓が太平洋岸に到達、フロンティアが消滅（正式宣言は1891年）しつつある頃で、その過程で鯨油ランプが普及、照明用の鯨油が不足し、その代替として、ランプ用の灯油が必要とされていた。ペリーの浦賀来航（1853年）も、鯨油不足に悩む米国が、東太平洋で操業する捕鯨船への水・石炭・食糧の補給地を確保するための遠征であったといわれる。当初の石油の用途は、灯油と潤滑油程度で、それ以外の揮発油や軽油は捨てられていたらしい。

■石油需要（用途）の拡大

しかしその後、ドイツでダイムラーがガソリンエンジン（1883年）を、ディーゼルがディーゼルエンジン（1892年）を相次いで発明、そして、ヘンリー・フォードが、ガソリン自動車を製作（1896年）、T型フォードの発売（1908年）で、一挙に自動車は大衆化、普及した。

さらに、ライト兄弟が飛行機を発明し（1903年）、英国のウィンストン・チャーチル海軍大臣は、馬力向上による航行速度向上・貯炭スペースの有効活用・人員削減等を目的に英国海軍の軍艦燃料を石炭から重油に転換することを決定（1912年）、また石油火力発電所が設置されるなど、確実に石油の用途は広がっていった。特に、第一次世界大戦（1914～18年）では、戦車（タンク）、軍用航空機、兵站用トラックも登場し、軍艦を含め、近代戦争遂行には石油が必要不可欠になり、石油の需要拡大と戦略的重要性は石油資源の獲得競争を激化させた。

■国際石油資本（オイル・メジャーズ）

この間、米国では、ジョン・ロックフェラー率いるスタンダード石油が、石油輸送用の鉄道やパイプラインと、原油から石油製品を製造する製油所（石油精製工場）の買収を繰り返し、集中を進めた。その結果、1890年には全米約80％の石油精製設備を傘下に収めたといわれれた。しかし、1911年に至り、持ち株会社としてのニュージャージー・スタンダード石油は、反トラスト法（競争法、わが国の独占禁止法に相当）違反に問われ、34社への分割判決を受けた。

他方、ロシアにおいても、1970年代半ば頃から石油産業が発達した。ノーベル賞で有名なスウェーデンのノーベル兄弟は、1875年、産油地帯であるバクー（アゼルバイジャン）に製油所を設置、原油生産にも参入した。また、フランスの金融資本ロスチャイルド家も、鉄道建設を足場に、バクーの原油生産に進出した。80年代には、欧州市場で、米国産灯油と競争を繰り広げるようになった。

その後、英国の貿易商マーカス・サミュエルは、日本を中心とする東洋貿易、特に貝殻（シェ

オイルメジャーの流れ

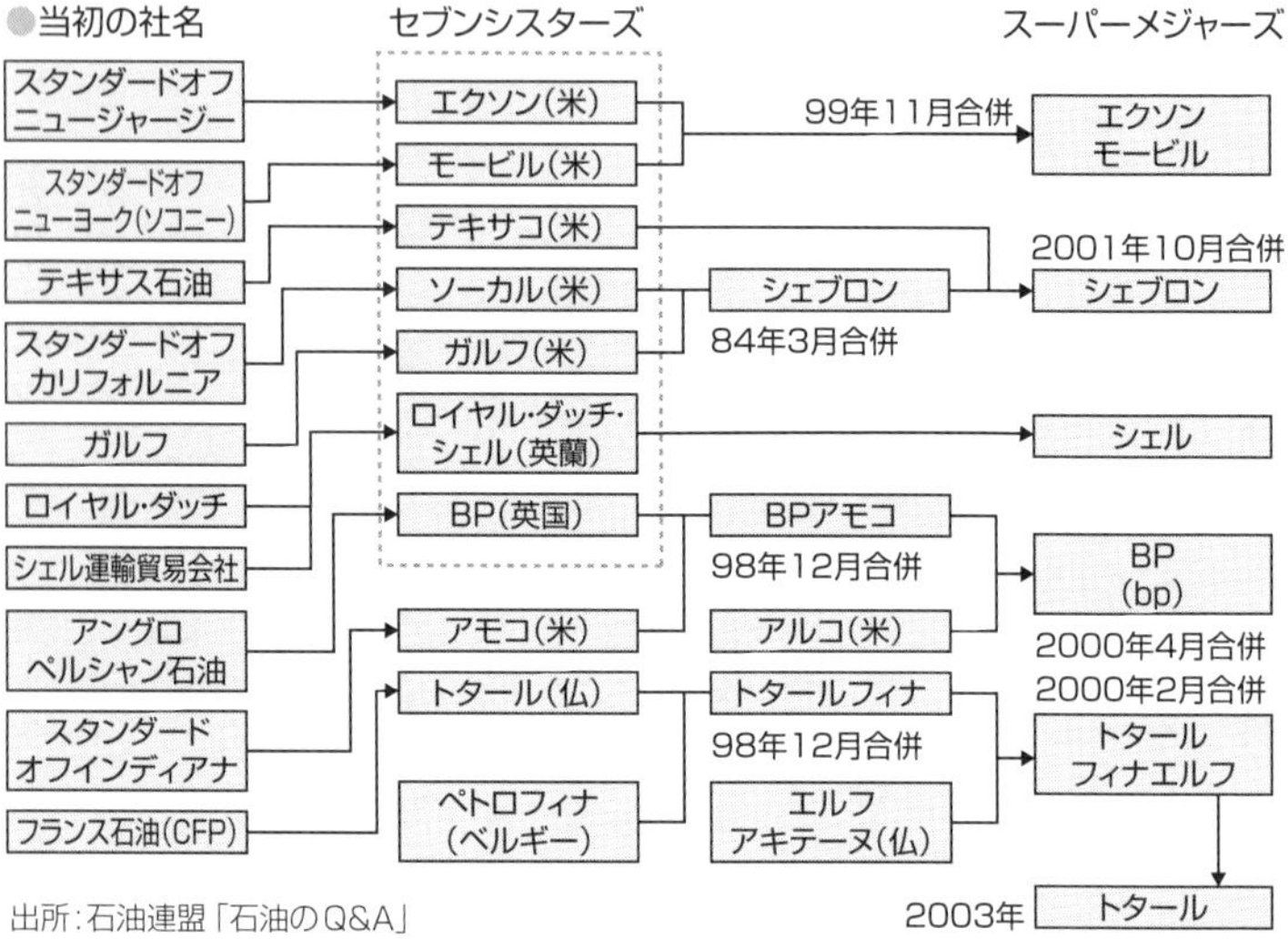

出所：石油連盟「石油のQ&A」

ル）細工で財を成したが、１８９１年にロスチャイルド家と提携、東洋市場におけるロシア灯油の販売に乗り出し、１８９７年にはシェル運輸貿易会社（現在のシェル）を設立した。また、１８９０年には、オランダでロイヤルダッチ社が設立され、蘭印（オランダ領東インド、現インドネシア）の石油開発を開始、東洋の灯油市場に、スタンダード、シェルに次ぐ、第三勢力として登場し、激しい競争を繰り広げた。その後、１９０１年、シェルとロイヤルダッチが提携（英蘭協定）、１９０３年にはこれにロスチャイルドが参加、１９０７年にはロイヤルダッチ・シェルの設立で、両者は統合・一本化された。

その結果、世界の石油市場は、スタンダードとシェルが二大勢力として競合することになった。

さらに、英国人ウイリアム・ダーシーは1908年、イランのマスジッド・イ・スレイマン油田を発見し、これを基に1909年、現在のBPの前身であるアングロ・ペルシャン石油を設立した。その後、同社は1914年に英国海軍の燃料転換に伴い、安定供給確保・国防上の観点から国有化された。

こうして成立した、シェル、アングロ・ペルシャ（後のBP）、ニュージャージー・スタンダード（後のエクソン）、ソーカル（現シェブロン、カリフォルニア・スタンダード）、ソコニー（後のモービル、ニューヨーク・スタンダード）、テキサス、ガルフの7社は、「セブン・シスターズ」（7人の魔女）と呼ばれるようになる。また、これらの石油会社は、「オイル・メジャーズ」と呼ばれ、国際石油資本として、世界各国で、油田からガソリンスタンドまで、上流・下流の一貫操業を行った。このように、20世紀初頭には、現在の産業体制につながる7大メジャーズによる産業体制が形成された。

■国際石油カルテル

第一次大戦後、石油開発が活発化し、米国、ソ連、ペルシャ、ベネズエラ等で新規油田が生産開始、1920年代半ばには供給過剰状態になり、27年には世界的に石油製品の値下げ競争が行われた。

これを契機に1928年、ニュージャージー・スタンダード、シェル、アングロ・ペルシャの三大石油会社トップは、英国の古城アクナキャリー城に集合し、米国以外での市場シェアを現状で固定することを内容とする秘密協定（「アクナキャリー協定」または「現状維持（As is）協定」という）を結んだ。もちろん、競争法（独占禁止法）違反である。

また、同年、英仏米各国政府の黙認の下、トルコ石油参加会社（アングロ・ペルシャ、シェル、フランス石油、ニュージャージー・スタンダード、ソコニーの5社）は、ペルシャ・クウェートを除く旧オスマン・トルコ領内での実質的な石油利権の共同所有・共同操業で合意した。合意の際、対象地域を地図上に赤線で囲んだことから、「赤線協定」と呼ばれる。

こうしたオイル・メジャーズによる国際カルテルは、競争法違反ではあったが、上流から下流までの一環操業により、正確かつ迅速な石油製品需要（消費）把握に基づく、的確な原油の生産調整によって、原油価格は、長年にわたり一定水準で極めて安定的に維持されることになった。その間、メジャーズは、原油だけでなく、同時に、原油価格水準をも支配することとなった。この体制は、第二次世界大戦後も継続、基本的には、ＯＰＥＣに原油価格の設定権を奪取される１９７０年代の第一次石油危機まで続くことになる。

確かに、法律違反の国際カルテルによって、メジャー国際石油資本は莫大な独占的利益を得たが、反面、40年近くにわたって、原油価格は1～2ドル程度で安定的に推移するとともに、特に、日欧諸国の第二次世界大戦後復興に当たっては、数量・価格両面で安定的に石油を確保することで、円滑・迅速な回復、さらなる成長を遂げることができたことは間違いない。

■米国の分断：「産油国アメリカ」対「消費国アメリカ」

さて、ウクライナ戦争で、世界の分断、東西冷戦の再開が話題となったが、近年、米国でも、国民・国内世論の分断が一層深刻化している。

移民政策・銃規制・LGBT政策・人工中絶の是非から、脱炭素政策への賛否まで、あらゆる局面で対立が先鋭化している。民主党と共和党の支持者の分断は昔からあったし、リベラルと保守、都市住民と地方住民の対立はよく伝えられている。確かに、エネルギー政策も一貫性に欠き、大統領が交代するごとに大きく左右に振れる。特に近年においては、オバマ大統領からトランプ大統領、そしてバイデン大統領と、激しく揺れ動いた。2024年の大統領選挙はどうなることであろう。

分断の背景には、消費者側の利益を重視するか、生産者側の利益を重視するかの違いが大きいように思われる。石油政策を見たときも、米国内には「消費国アメリカ」と「産油国アメリカ」の両者が共存しているようだ。概して、民主党は前者の立場に、共和党は後者の立場に立っているように見える。おそらく、ニューヨーク州やカリフォルニア州（産油州でもあるが、人口的に石油関係者より消費者がはるかに多い）など「青い州」（大統領選挙で民主党が強い州）は大都市住民が多く「消費国アメリカ」の性格が強く出ているのに対し、テキサス州やフロリダ州など「赤い州」（共和党が強い州）は地方住民が多く「産油国アメリカ」の性格が出ているような気がする。

ちなみに、米国の産油州としては、５００万ＢＤを超えるテキサス州、１００万ＢＤを超えるニューメキシコ州、ノースダコタ州、10万ＢＤを超えるアラスカ州、オクラホマ州、カリフォルニア州、ワイオミング州、ユタ州、ルイジアナ州があげられるが、うち、青い州は、ニューメキシコ州とカリフォルニア州だけである。その意味で、産油州では共和党が圧倒的に強い。

2-2 米国と中東

前節では、近代石油産業の誕生とその発達を見てきた。これを受けて、本節では、石油の母国・米国と新たな石油の中心地・中東の関係を振り返るとともに、現状と課題を検討していきたい。特に、相互の関係の成功と失敗、また、米国の中東介入と撤退を中心に見ていくこととする。

■サウジとの同盟関係「石油と安全保障の交換」

米国と中東の関わりは、比較的新しい。「アラビアのロレンス」に象徴されるように、第一次世界大戦以来の英国・フランスの陰謀に満ちた二枚舌外交への警戒心から、サウジアラビアは1932年の建国直後より、新興勢力である米国をパートナーとして選び、33年9月、サウジの石油開発利権は、米国のソーカル（カリフォルニア・スタンダード石油、現シェブロン）に与えられた。その後、テキサコも参加した「カリフォルニア・アラビアン・スタンダード石油」（CASOC、後のアラムコ）は、38年3月、東部ダンマンで商業ベースの生産井（ダンマン7号井）を発見し、翌年4月には、ラスタヌラ港からの原油出荷が開始された。

両国関係は、1945年2月、スエズ運河北部グレートビター湖の米海軍巡洋艦クインシー号艦上におけるアブドルアジズ（イブン・サウド）初代国王とフランクリン・D・ルーズベルト大統領の首脳会談で、さらに大きく前進する。その際、サウジが米国とその同盟国に対し石油を安定供給する見返りに、米国はサウジに安全保障を供与するという「石油と安全保障の交換」が両国間で誓約され、その後の「特別な同盟関係」が成立したといわれる。事実、パレスチナ問題が存在するにもかかわらず（中東戦争時の一時的な禁輸は除き）、西側諸国への石油の安定供給は継続され、周辺諸国で紛争が頻発する中でも、王政維持を含めてサウジの安全保障は確保された。サウジにとっての最大の危機、イラクのクウェート侵攻（1990年8月）、湾岸戦争（91年1～3月）にあっても、その盟約は忠実に履行された。

ただ、第二次世界大戦末期の時点では、米国はサウジの生産拡大を期待したのでなく、米国内生産も拡大中であったことから、米系石油メジャーによる生産調整、むしろ、サウジ原油の生産抑制を期待していたのではないか。その意味で、サウジ原油の意味、米国・サウジ同盟の最大の意味は、その同盟国である日欧の戦後復興・経済成長による需要拡大に応じた供給の基礎となったことにあると思われる。

第二次世界大戦後の冷戦下における米国の中東政策の基本は、①中東原油の西側諸国（欧州・アジア）への石油安定供給確保、②イラン・サウジ両国の安全保障（2本柱政策）、③イスラエルの生存権保障、の3つであるとされ、アメリカが担保する石油の低廉安定供給は、第二次世界大戦後の日欧等西側諸国の経済復興の前提条件となった。また、中東においては、エジプト軍事クーデタ（１９５２年７月）や北イエメン紛争（１９６２年９月〜70年５月）等があったが、それらは東西冷戦下における米ソの代理戦争としての性格が強かった。

■イランへの参入「イラン石油コンソーシアム」

イランでは、パーレビ国王の治世下の１９５１年に、国民的人気の高かったモサデグ首相が、英国資本のアングロ・イラニアン石油（アングロ・ペルシャン石油の後身）の国内資産の接収・国有化を断行した（百田尚樹『海賊と呼ばれた男』で取り上げられた日章丸事件はこのときの話）が、53年には、米英の情報機関（ＣＩＡ・ＭＩ５）とイラン軍部の一部が、クーデタを実行しモサデグを失脚させた。このとき以来、イラン国民にとって、米国は憎悪・嫌悪の対象になったという。

その際、米国の提案により、国有化された石油産業の操業を正常化する目的で、イラン国営石油と利益折半の「イラン石油コンソーシアム」が設立され、新たにガルフやモービル、エッソ等米国資本（出資比率計40％）も参加、英国の独壇場だったイランの石油産業に参入した。また、イラン石油コンソーシアムには、セブン・シスターズに加えフランスのトタールと、主要な国際石油会社はすべてが参加しており、コンソーシアムの活動を通じて、８社合計で９割を超える世界の原油取引を支配、世界の石油需給の正確かつ迅速な把握を通じて、各社の原油の生産調整を図った。これにより原油価格を維持し、シーア派革命までの約25年間、メジャー石油資本による世界の石油支配の主要なツールとなり、国際石油カルテルは一段と強化されたといわれる。

■イラン宗教革命

その後、パーレビ国王は、第一次石油危機後の原油価格高騰による豊かな石油収入を背景に、ペルシャ民族の再興を目指し、急激な近代化と権力の集中を図ったが、米国はこれを全面的にバックアップした。当初は、労働者・学生がこれに反発、民主化を目指したが、徐々に社会経済的な既得権者である聖職者と商工業者が連携して、パーレビ国王による独裁王政に反対し、最終的には、亡命先のパリから帰国したシーア派指導者ホメイニ師を中心とする宗教勢力が、国王を追放、権力を掌握し、「イスラム教シーア派宗教革命」を達成した（1979年2月）。

その結果、近代化を目指したイランは、ホメイニ師を最高指導者として、イスラム法学者（聖職者）による政教一致の政府を樹立し、コーランに基づくイスラム共同体を目指す復古的な国家となった。このため、イランは、国是として、シーア派宗教革命の「輸出」、イスラム共同体の拡大を目指しているとされ、その後、中東各地でイスラム過激派等を支援・扇動している。イスラエルに対する敵対姿勢、今回のガザ地区のハマスへの支援（2023年10月）もその延長線上にある行動であろう。また、イランは、「核エネルギー開発の権利」をたびたび主張しており、核兵器保有への懸念から、イスラエルをはじめ、サウジ・UAEなど周辺諸国の脅威となっている。

ホメイニ師

"Ruhollah Chuchaso Jomeini"by Mohammad Sayyad

そうしたイランの脅威を背景に、1981年、湾岸王政諸国6カ国（サウジ・クウェート・バハレーン・カタール・アラブ首長国連邦・オマーン）は、湾岸協力理事会（GCC：Gulf cooperation Council'本部：リヤド）を設立、合同軍を設置するなど、防衛面、経済面を中心に協力関係強化を図った。

なお、シーア派はイスラム教の少数派で、主流派であるスンナ派と大きな教義上の対立はないものの、預言者ムハンマド（教祖）の後継者「カリフ」（最高指導者）の資格をどう考えるかという点が異なっており、シーア派はムハンマドの娘を娶ったカリフ・アリーの血統をカリフの資格として重視している。さらに、イランは中東圏に位置し、少数民族も存在するものの、主に民族的にはインド・ヨーロッパ語族に属するペルシャ民族で、ハム語族に属するアラブ民族とは異なり、主要言語もペルシャ語でアラビア語ではない。

また、パーレビ国王は一時エジプトに亡命したが、その後米国に移ったことから、シーア派政権は国王の身柄の引き渡しを米国に要求、１９７９年11月には、学生が在テヘラン米国大使館に乱入・占拠、81年1月まで４４４日にわたり米国外交官52人を人質に立て籠った。この事件は両国関係を決定的に悪化させ、その後の米国の対イラン強硬政策の原因となった。

■第二次石油危機

１９７８年秋からの国営石油会社労働者のストライキ等イラン国内の混乱から、一時的に約６００万ＢＤ（バレル／日）の原油が出荷停止となり、その後も革命による混乱から供給削減の事態が続き、中東原油スポット価格は約13ドル（78年9月）から約43ドル（80年11月）の水準まで上昇した。これが「第二次石油危機」である。

原油価格の上昇率は、第一次危機のほうが大きかったが、上昇幅は今回のほうがはるかに大きく、工業製品やサービス等の原価に占める燃料コストのシェア（割合）が大きく拡大したことから、経済的なインパクトは、今回の石油危機のほうが大きいと見られた。

このとき発生した供給削減には、サウジ・クウェート・ＵＡＥ等が緊急増産で対応するとともに、第一次石油危機から続く省エネ・効率使用がさらに進み、石油需要は急減、北海・アラスカ・メキシコ等の新規油田開発が加速された。また、日本においては、イラン原油の供給不足のために、石油備蓄法に基づく石油会社の民間備蓄義務量を個別申請に基づいて軽減することで、間接的な備蓄の市場放出を行い対応した。

■イラン・イラク戦争

イラン・イラク戦争（1980年9月〜1988年8月）は、シャトルアルアラブ川をめぐる国境紛争を口実に、イラン革命による国内不安定をチャンスと見て侵攻した、イラクのサダム・フセイン大統領の領土的野心に基づく戦争であった。同時に、イランによるシーア派宗教革命の「輸出」を恐れるサウジアラビア等湾岸王政諸国がイラクのフセイン大統領率いるスンナ派政権に財政的支援を行い、シーア派伸長を抑えてもらった戦争でもあったと見ることもできる。

サウジアラビアを含め湾岸王政諸国の大きな懸念事項は、アラビア（ペルシャ）湾沿岸の主要な産油地帯には、支配層を形成するスンナ派住民より、シーア派住民の人口のほうが圧倒的に多いことである。ペルシャ（アラビア）湾は「シーア派の海」ともいわれる。したがって、各国政府は産油地帯のシーア派住民の動向に配慮せざるを得ない。そして、その状況は今日でも変わっていない。なお、アラブ諸国では「ペルシャ湾」とはいわず「アラビア湾」という。地名にも注意が必要だ。

イラクは、もともと多民族国家であるが、バース党政権あるいはフセイン大統領が、強権的に統一を図ってきたといわれている。人口的には、南部湾岸地域のシーア派アラブ民族が多数派で、

フセイン大統領

"Saddam Hussein Speaks during his Trial",July, 2004

イラク中部出身の政治的支配層を形成したフセイン大統領一派が属するスンナ派アラブ民族はむしろ少数派であり、さらに北部にはクルド民族が居住している。また、主要な油田はシーア派住民が多数を占める南部のバスラを中心に分布、他方、北部のキルクーク油田はクルド民族の居住地域に位置し、現在はクルド自治政府の管理下にある。

イラン・イラク戦争は、当初、イラクが優勢だったが、国軍とは別系統の軍事組織で宗教的使命感に燃える革命防衛隊の奮戦もあり、イランも盛り返し、両国の一進一退の攻防が10年近く続き、最終的には、１９８８年８月、勝敗のない形で停戦した。戦争末期には、ペルシャ湾で革命防衛隊による、タンカー攻撃が頻発し、アメリカ海軍のエスコートによる船団方式の航行が行われるなど、タンカー安全航行が大きな問題となった。

その頃から、国際石油市場は激変、原油価格は固定価格から市場連動価格に代わるとともに大きく軟化した。その間の状況は後述（第3章第4節）する。

■湾岸危機

その後、1990年8月2日、イラクによるクウェート侵攻（湾岸危機）が発生した。同日未明、事前に国境に集結していた戦車を先頭にクウェートに侵入、瞬く間に全土を制圧、夕方にはサウジアラビア国境に殺到、クウェート王室・政府首脳はサウジに逃れた。

この侵攻も、フセイン大統領の領土的野心による紛争であったが、同時に、原油価格低迷を背景に、国内経済低迷に対する国民的不満を外部にそらせるとともに、クウェートに対して、国境地帯での原油盗掘を非難し、イラン・イラク戦争時の債務帳消しを要求した。ちなみに、サウジとUAEは戦時債務の返済を免除している。ある意味、フセイン独裁政権・バース党政権は、常時戦時体制を前提にしなければ、成立しなかったのかもしれない。さらに、フセインにすれば、伝統的友好国であるソ連の支援が得られるものとの誤算もあったのかもしれない。冷戦時代であれば、アラブ民族主義・反米主義の立場から、ソ連からの軍事支援や国連安保理での武力行使決議への拒否権を期待できた。侵攻前、駐バグダッド米国大使のクリスピー女史は、フセイン大統領に面会した際、「アラブ諸国間の紛争に米国は介入しない」という趣旨の発言をしており、米国は誤ったシグナルを送ってしまったともいわれている。

また、石油の観点からは、クウェートを併合した場合、イラクは埋蔵量・生産量ともサウジアラビアに匹敵する石油大国になり得ることから、サウジアラビア主導の国際石油市場の枠組みに対する挑戦でもあったと考えられる。

この日、在サウジ日本大使館に赴任していた筆者は、帰国休暇から帰任したばかりで、朝6時(日本時間正午)頃、官舎で熟睡していたが、心配した東京の出向元からの電話でたたき起され、あわてて休日(イスラム圏では金曜日の休日が一般的、イラクも金曜日を選び侵攻したのであろう)の大使館に出勤した。東京ではイラクのクウェート侵攻で石油危機になると大騒ぎだという。大使館に着くと、すでにシニアの館員を中心にほとんどのスタッフは出勤し、状況分析などを行っていた。筆者も、石油担当官として、すぐさま、イラク・クウェート両国とサウジの原油・石油製品の埋蔵量・生産量・わが国の輸入量、予想されるインパクトを取りまとめ、報告した。スタッフミーティングでは役割分担を確認、日頃から日本人会・在留邦人との接触が多い経済班は、領事を補佐し邦人保護も担当することとなった。当初の最大の懸念事項は、イラク軍がサウジ国境で止まるか、否かであった。特に、クウェート・サウジ国境には、わが国のアラビア石油カフジ鉱業所があり、原油約30万ＢＤを生産、日本人スタッフも約１００人駐在しており、その安全が危惧された。幸いにも、イラク軍はサウジ国境を前に止まり、その後も翌年の湾岸戦争開戦まで緊張状態が続いた。

この事態に、8月6日、国連ではイラク・クウェートに対する経済制裁を決定、国際石油市場からは両国の石油輸出約450万BDが消失したが、サウジアラビアやアラブ首長国連邦（UAE）、ベネズエラ等の余剰生産能力を活用した緊急増産によって、10月時点で約400万BDの代替供給の結果、大きな混乱・供給削減は回避された。特に、サウジは一カ国単独で約300万BDの大増産を行った。また、同日、サウジ政府は、米国を中心とする多国籍軍のサウジへの受け入れを決定、翌日には米軍の第一陣がサウジに進駐した。おそらく、サウジ政府にとっては、建国以来、最大の安全保障上の危機であったのだろう。この決定は、翌年1月の湾岸戦争の契機となったばかりでなく、9・11同時多発テロの遠因、サウジ・米国関係の変質の原因ともなった。多国籍軍は、イラクのサウジ侵攻を防止すべく、「砂漠の盾」（デザート・シールド）作戦を展開、クウェート解放を目指して、軍備・兵力の増強を行った。

緊張の高まりを受け、17ドルの原油価格（中東原油スポット、90年7月）は、90年9月には37ドルまで上昇した。また、多国籍軍の軍備増強で開戦必至の状況を前にして、航空機用のジェット燃料（灯油）、戦車・トラック用の軽油の需要の急増により、シンガポール石油製品市場では、灯油スポット価格が一時90ドル／B台になるなど、緊急時においては石油製品より原油のほうが入手可能性（アベイラビリティ）が大きいとして、国内製油所の存在が再評価された。

クウェート油井火災（ススに覆われ、昼間でも暗かった）

（ブルガン油田91年5月筆者撮影）

■湾岸戦争

その後、1990年11月29日、国際連合安保理事会では、91年1月15日をイラクの撤退期限として、その後の多国籍軍による武力行使を容認する内容が決議された（国連安保理決議678号）。

そして、期限内のイラクの撤退がなく、同決議に基づき、1991年1月17日に航空戦、同年2月23日には地上戦が開始され、湾岸戦争が勃発した。「砂漠の嵐」（デザート・ストーム）作戦の発動である。地上戦開始後4日間で、12カ国からなる多国籍軍はイラク軍をクウェートから駆逐、クウェートは解放され、多国籍軍の圧勝で終わった。しかし、イラク軍は、クウェートからの撤退・敗走時、クウェートの油田のほとんどの油井を爆破、大火災を起こし、消火・復旧まで約半年間を要した。また、多国籍軍が、フセイン政権を打倒せず、クウェートから駆逐しただけで、イラク領土を深追いすることもなく温存したのは、複雑な民族事情のイラクの国内分裂、あるいは、南部シーア派住民へのイランの影響力拡大を懸念したサウジ・米国を中心とする関係国の配慮があったものと推察される。

1月17日現地午前3時（日本時間：午前9時）の開戦、イラク空爆開始時は、CNNの報道を確認後、すぐさま、アラビア石油カフジ鉱業所の当直者に通報したことを覚えている。その時点で、現地に残っていた日本人は48名、その後、イラク軍の砲火の中、全員無事脱出、自動車に分乗して、ダハラーンの隣町ダンマンのホテルに退避した。

また、2月23日の地上戦開始時には、ダハラーン出張中であった。アルコバールのルメリディアンホテルに、湾岸危機発生直後よりリヤドから遠隔の東部州の在留邦人保護・連絡を目的に設置していた大使館連絡事務所の当直だった。この時には、邦人保護に加えて、1月末にクウェートから流出した原油防除のためのオイルフェンス等資機材供与の調整・立会いも業務となっていた。そのため、翌日夕刻、サウジ気象環境庁（MEPA）東部州事務所での打合せの帰途、高速道路の車中から、流れ星のようにミサイルらしきものが空港付近に着弾するのを目撃した。ホテルに戻ると、CNNがブレーキングニュースで、ダハラーン空港近隣の米軍宿舎にイラクのスカッドミサイルが直撃したと速報していた。その後、このミサイル攻撃で米軍将兵・軍属42名が犠牲になったと報じられた。

■危機管理の成功

１９９１年1月17日の湾岸戦争開戦に当たっては、国際エネルギー機関（ＩＥＡ）は、事前の合意に基づき、加盟国政府による備蓄放出や省エネ強化等による「協調的緊急時対応措置」（ＣＥＲＭ）を発動し、約２５０万ＢＤ相当の石油の追加供給を行った。わが国も、ＣＥＲＭに参加し、備蓄法の民間石油備蓄義務4日分軽減（約２４０万ＫＬ＝約１５００万Ｂ）により、約30万ＢＤ相当の石油の追加供給に貢献した。

ＩＥＡは、１９７４年11月、経済開発協力機構（ＯＥＣＤ）理事会決議により、国際エネルギー計画（ＩＥＰ）協定の実施機関として、パリに設置された。ＩＥＰ協定は、前文・本文96条と緊急時備蓄に関する付属書からなる国際協定である。短期的には、石油の供給不足に備えて、備蓄・相互融通などの対応策を講じるとともに、長期的には、輸入原油への依存度を低減することを目的としている。当初は、キッシンジャー米国務長官（当時）の提唱によって、ＯＰＥＣ（石油輸出国機構）に対抗するための先進石油消費国の協力機関として、設立されたが、90年代以降は産消対話の窓口機関の役割を果たしており、新興国や途上国との協力や情報交換も活発に行うとともに、最近では脱炭素に向けたエネルギー転換に注力している。

結局、この日、ＩＥＡによる備蓄放出と開戦によって逆に供給不安・緊張は緩和され、ＷＴＩ原油先物価格は32ドルから20ドルに下落した。同時に、地政学リスクの顕在化・現実化は、原油価格の下落要因にもなりうることを示した。

湾岸危機・戦争では、産消双方の努力で、危機的状況は回避された。このように、湾岸危機・戦争においては、原油の供給削減事態への危機管理として、産油国側の原油余剰生産能力と消費国側の石油備蓄の十分な存在が有効であることが実証された形となった。そして、中東における危機発生が、直ちに石油の供給削減を意味するわけではないことが明らかになった。

■産消対話・相互依存関係の深化

このように、湾岸危機・戦争では、産油国側が緊急増産、消費国側が戦略備蓄の放出などを行い、原油価格の高騰は発生したものの、産消双方の役割分担に応じた協調行動によって二度の石油危機時のような供給不足の事態は回避できた。これを機に、産油国と石油消費国の対話の機運が高まり、産消国際会議の開催（90年5月イスファハン、91年5月パリ、92年7月ノルウェー等）や常設機関としての国際エネルギーフォーラム（ＩＥＦ、本部リヤド）の設立など、双方の情報共有や意見交換の場が飛躍的に増加した。

また、産消対話は、経済のグローバル化を背景に、貿易関係の拡大や直接投資の増加など、産油国と消費国の多面的な相互依存関係の深化と相まって、石油の安定供給の重要性を国際的に再認識させた。

筆者は、91年12月に東京へ帰任するが、湾岸戦争終結後、サウジ石油省幹部がよく口にしていたのは、「相互安全保障」（レシプロカル・セキュリティ）という言葉で、「石油消費国が安定的需要を保証することで、産油国が安定的供給を保証できる」ということだった。このように、超長期の石油の産消間の相互依存関係を確立したいというのが、湾岸危機・戦争を乗り切った、この時期の産油国のムードだった。その後、この産油国の期待は、温暖化対策・脱炭素政策の進展で、打ち砕かれることになる。

湾岸戦争終結後、90年代の国際石油市場は、原油価格10ドル台後半の水準で比較的安定的に推移したが、97年秋のアジア通貨危機にあたり、ＯＰＥＣは強気の生産政策で原油の供給過剰が発生し、原油価格は10ドル台初めの水準に暴落、減産により20ドル台を回復して新世紀を迎えた。

■9・11同時多発テロ

２０００年代に入ると、原油価格は反転上昇を開始した。上昇要因としては、新興国の経済成長や原油の金融商品化等が指摘できるが、地政学上・国際関係上の要因が注目され、米国との関係・中東政策も大きな影響を与えた。

２００１年9月11日、イスラム教スンナ派原理主義組織「アルカーイダ」（基地・拠点の意味）は、旅客機を乗っ取り、ニューヨークの世界貿易センタービルやワシントンのペンタゴン（国防総省）に突入させるなど、同時多発テロを起こした。貿易センタービルはツインタワーであったが、両棟とも倒壊、３０００人近い人命が犠牲になった。アルカーイダは、アフガン戦争（１９７８〜１９８９年、第1章第2節）におけるソ連の介入に対抗したアフガンゲリラを支援するため、サウジの大富豪出身のウサマ・ビン・ラーデンを指導者に、サウジやエジプト等からの義勇兵たちを中心として発展的にできた組織であり、当初、ソ連への対抗上、米国も積極的に支援した。しかし、その後、湾岸戦争時のイスラム教の聖地メッカ・メディナを擁するサウジへの米兵等異教徒兵士の軍事駐留に聖地を汚したとして反発し、米国への攻撃を繰り返していた。その延長線上で、米国在住のサウジ人やエジプト人の留学生を中心に、9・11同時テロを決行したものと考えられる。

米国は、9・11同時多発テロに対して、対テロ戦争を宣言、テロ支援国を含めて攻撃するとした。その結果、アルカーイダと首謀者ウサマ・ビン・ラーデンを匿ったとして、直後の10月から、アフガニスタンへの攻撃を開始した。アフガニスタンの「タリバーン」（神学生の意味）政権は打倒され、本格的戦闘はすぐ終わったが、カルザイ新政権の要請もあり、国内治安維持のための駐留は、21年8月まで続き、「米国史上最長の戦争」といわれた。ウサマ・ビン・ラーデンは、2011年5月パキスタン北部の隠れ家で米軍特殊部隊の急襲により殺害された。しかし、撤退直前には、旧政権タリバーンによる反乱により、首都カブールは制圧され、イスラム原理主義復古政権が成立、コーランの厳格な解釈に基づいて、教育を含め女性の人権は完全に否定された。米軍撤退時のカブール空港に殺到する知識人や米軍協力者など難民・亡命希望者の映像は記憶に新しい。タリバーンは、全世界を敵に回した形だが、関係者によれば、当事者たちは、我々はソビエト連邦とアメリカ合衆国の両国に「勝利」したのだとして、極めて意気軒昂であるという。

確かに、タリバーンは、長期にわたる抵抗によって、自国に介入した両国を国外に追い払っている。

■イラク戦争

その後、米国は、大量破壊兵器の開発・保有、テロ支援を理由としながらも、湾岸戦争時と異なり、軍事力行使を容認する国連決議を欠く中、イラク戦争（２００３年３月）を開戦、４日間の激戦の後、首都バグダッドに進駐、フセイン政権を崩壊させた。

しかし、イラクは世俗国家であり、イスラム原理主義とは程遠く、テロ組織とは縁遠い。また、大量破壊兵器開発疑惑も、その形跡は見つからず、後に否定された。米国の見当外れも甚だしい。「不幸な戦争」というしかない。

しかも、米国のネオコン（新保守派）が主導した「民主選挙」（２００５年２月）によって、イラクには、シーア派独裁政権が誕生し、結果的にイランとイラクは接近、イラン勢力を伸長させ、湾岸地域における国際関係・パワーバランスを一変させてしまった。湾岸戦争時の慎重な配慮・対応に比べ、今回はあまりに楽観的過ぎる見通し・無神経な対応が目立った。ブッシュ・ジュニア政権には、パパ・ブッシュ政権のようにアラブ・湾岸専門家がいなかったという。冷戦終結・ソ連崩壊後の米国一極集中の「驕り」だったのかもしれない。

その後、米軍は２００３年12月サダム・フセインを逮捕し、形式的裁判の後、２００６年12月処刑した。また、イラク新政権は、フセイン政権の中核であったバース党関係者を排除したため、多数の軍人や官僚がイスラム国（ＩＳＩＬ）に合流、イラク国内各地の権力の空白地域には、ＩＳＩＬの領域が出現した。そのため、イラク戦争でも、本格的戦闘は短期間で終わったものの、ＩＳＩＬへの対応・国内の治安維持のため、米軍の駐留は長期化・泥沼化し、２０１１年12月になって、完全撤退が行われ、オバマ大統領からイラク戦争の終結が宣言された。

また、フセインの逮捕・処刑は、前述のウサマ・ビン・ラーデン殺害（２０１１年５月）、リビアの指導者カダフィ大佐への空爆・殺害（２０１１年10月）と相まって、イラクと共に「悪の枢軸」（２００２年１月年頭教書演説）と名指しされたイランや北朝鮮の指導部は危機感を高め、核兵器開発を加速させたという。特に、カダフィの場合、自主的に核開発を断念、核兵器を引き渡している（２００３年12月）。これでは、まるで「だまし討ち」であり、自主的に核廃棄を行う国など出てくるはずがない。

なお、一部で、米国のイラク戦争の真意は、フセイン後のイラクの石油利権独占であったとの見解もあったが、あまりにも杜撰な見通しで、行き当たりばったりの展開を見れば、そのような意図はうかがえない。新政権による石油利権の入札に当たっても、米国資本は参入できなかったことから、その意図はまったくなかったものと思われる。

■中東撤退・権力の空白

結局、9・11同時多発テロ以降の米国の対中東政策は、失策の連続であったというしかない。その結果、イラン勢力の伸長を招き、レバノン、シリア、イラク、イランからイエメンに至る実質的なサウジ包囲網である「シーア派の三日月」が形成され、サウジやUAEの安全保障環境を大幅に悪化させている。

オバマ大統領は、「米国は世界の警察官ではない」(2013年9月、シリア空爆に関するテレビ演説)として、引き続き、米軍の中東各地での撤退を進めた。その後も、バイデン大統領はもちろんのこと、トランプ大統領ですらこの方針に追随したが、撤退後には権力の空白地域が必ず生まれ、そこには、親イラン勢力・イスラム過激派等が進出するなど混乱が発生している。

サウジと米国の関係悪化、サウジの対米不信については、後述する(本章第4節、第3章第6節)。

2-3 シェール革命：アメリカの復活

米国の世界的に著名なエネルギーアナリストでピューリッツァー作家、ダニエル・ヤーギン氏は『探求―エネルギーの世紀』（日経BPマーケティング、2012年）の中で、「シェール関連技術は、21世紀最大のイノベーションである」と評価した。

本節では、シェールガス・オイルの概要、それらの影響、特に米国に何をもたらしたか、国際石油・ガス市場をいかに変容させたかを明らかにするとともに、その言葉の意味を考えてみたい。シェール革命も、一つの石油の「富」の物語である。

■シェールガス・シェールオイルとは

シェールオイル・ガスとは、地下深い2000～4000m程度で泥が堆積してできたシェール（頁岩）層に封じ込まれた軽質原油・天然ガスのことで、在来型の原油・天然ガスと同様に使用できる。その存在は従来から知られていたものの、採掘コストが高すぎて、商業生産に見合わないとされてきた。しかし、2000年代の原油価格高騰と水平掘削技術・水圧破砕技術などの技術革新を背景に、2000年代半ば以降、商業生産が実用化した。

シェールオイル・シェールガス掘削の仕組み

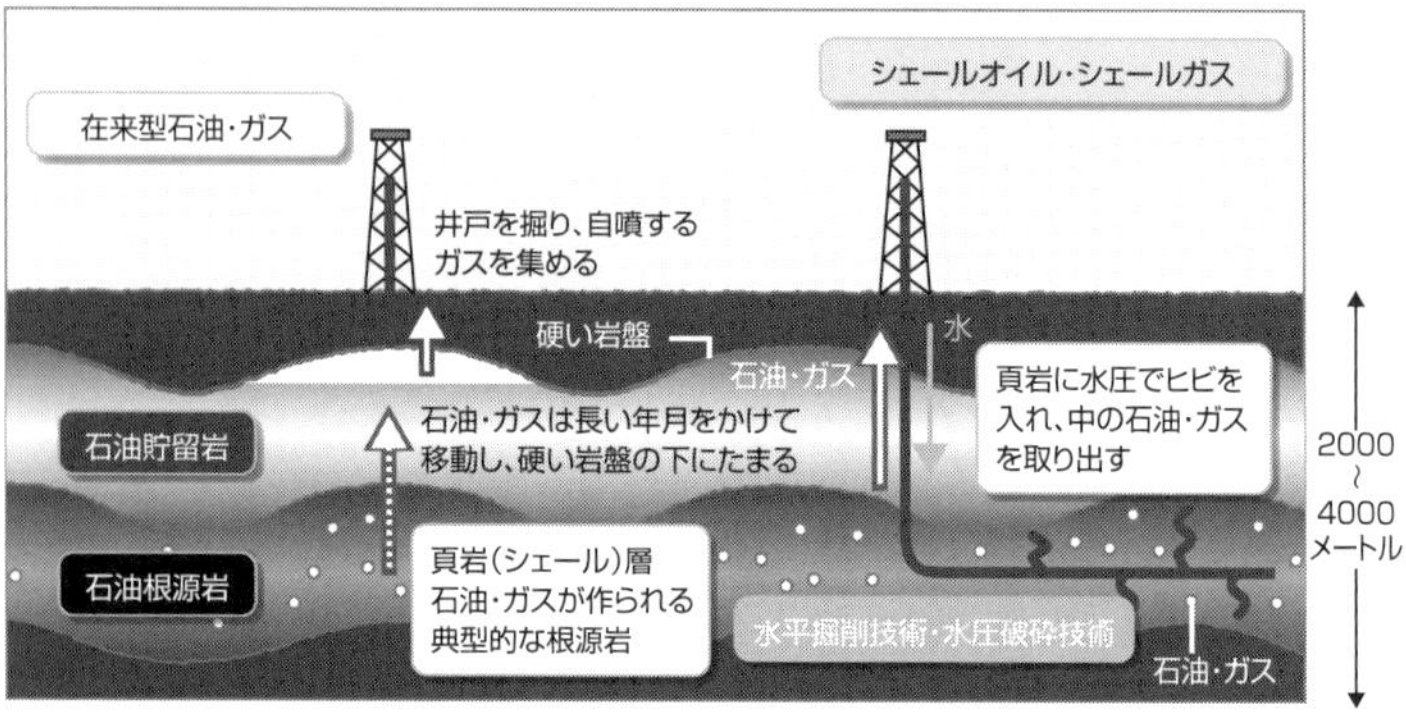

出所:石油連盟「今日の石油産業」

水平掘削技術とは、地層と水平方向に油井を掘削していく技術で、また、水圧破砕技術とは、硬い地層に水圧をかけて多数のひび割れを作り、地層内に封じ込まれている原油やガスを流動化させる技術である。これらの技術自体は、在来型原油の生産性向上のため1970年代から開発されてきたものだが、これらをシェールオイル・ガスの採掘に応用したのは、〝シェール革命の立役者〟と称される故・ジョージ・ミッチェル氏をはじめとする米国の独立系中小産油業者たちであった。彼らは、ミッチェル氏を中心に、協力、情報交換をしつつ、既知のシェールガス・オイルを求めて、要素技術の応用・組み合わせによって、シェール関連技術の開発に成功したのだった。

■在来型石油とシェールオイルの生成(でき方)

今日でも、原油や天然ガスがどのように作られるかは、必ずしも明確に解明されているわけではない。

石油の生成(でき方)に関する最有力説であり、かつ、実務上採用されているのは、古代生物の死骸から石油やガスができたとする「石油生成有機説」である。これによれば、在来型の石油やガスは、①中生代（約2億5000万〜6500万年前）を中心に、堆積盆地といわれる浅い海や湖に、プランクトンや海藻、生物の死骸が、泥などとともに堆積、さらに、②その上層に土砂、岩石が積もることで、熱や圧力、バクテリア等の作用により、これらの有機物が炭化水素物質に変化し、石油根源岩（Source rock）が形成、その後、③長い年月をかけて上層の石油貯留岩（Reservoir rock）に移動した石油・ガスが、偶然の地殻変動によって形成された固い岩盤（帽岩、Cap rock）下部のお椀を伏せたような背斜構造や固い岩石で蓋をされた断層構造などのトラップに集積し溜まって生成される、という。在来型の石油・ガスは、貯留岩のトラップに向けて油井を掘削し、圧力等によって自噴させ、あるいはポンプなどで回収するが、シェールオイル・ガスは、典型的な根源岩である頁岩層に残留した油・ガスに直接アクセスし、回収する点が異なり、③の移動・集積というプロセスが必要ない。そのため、頁岩層を探せばよく、シェールの探鉱・開発リスクは低く、コスト効率は高い。その上、資源分布もシェール層は世界的に広く分布している。

■汚染水処理の必要性

しかし、その開発には、水圧をかけて硬いシェール層を砕いていく水圧破砕技術が採用され、さらに、水とともに油・ガスを回収することから、大量の水が必要になる。そのため、十分な水がない所では生産が難しい。さらに、採掘・回収に使われた大量の水は、油・ガスの分離・回収後、厳格な汚染水処理が求められる。

シェール開発当初、中小石油開発業者が生産の中心だったこともあり、汚染水処理が十分でなく、地下水汚染が多発した時期があった。米国では地下水を飲料水に使用している地域も多く、大きな問題となった。そのため、ニューヨーク州やカリフォルニア州など環境に関心の高い地域、欧州でも英仏独などでは、水圧破砕法の利用は禁止されており、実質的にシェールオイル・ガスの生産は禁止されている。

水圧破砕の使用禁止も民主党の看板政策で、2016年米国大統領選挙ではヒラリー・クリントン候補が公約したが、2020年選挙ではバイデン候補は環境重視の姿勢は堅持したものの、民主党候補ではただ独り、水圧破砕の是非については沈黙し、当選後も禁止区域を連邦所有地に限るとして、現実的対応を見せた。

ただ、2010年代半ば以降、シェールの生産は中小開発事者から大手石油会社に集約されたことから、汚染水処理は厳格に行われるようになったといわれる。

■シェールガスからシェールオイルへ

当初、水とともに油分・ガス分を地下から回収し、分離して出荷するという生産工程から、工程の容易なシェールガスの生産が先行したが、2010年辺りから徐々にシェールオイルの生産

米国シェールオイル生産量推移

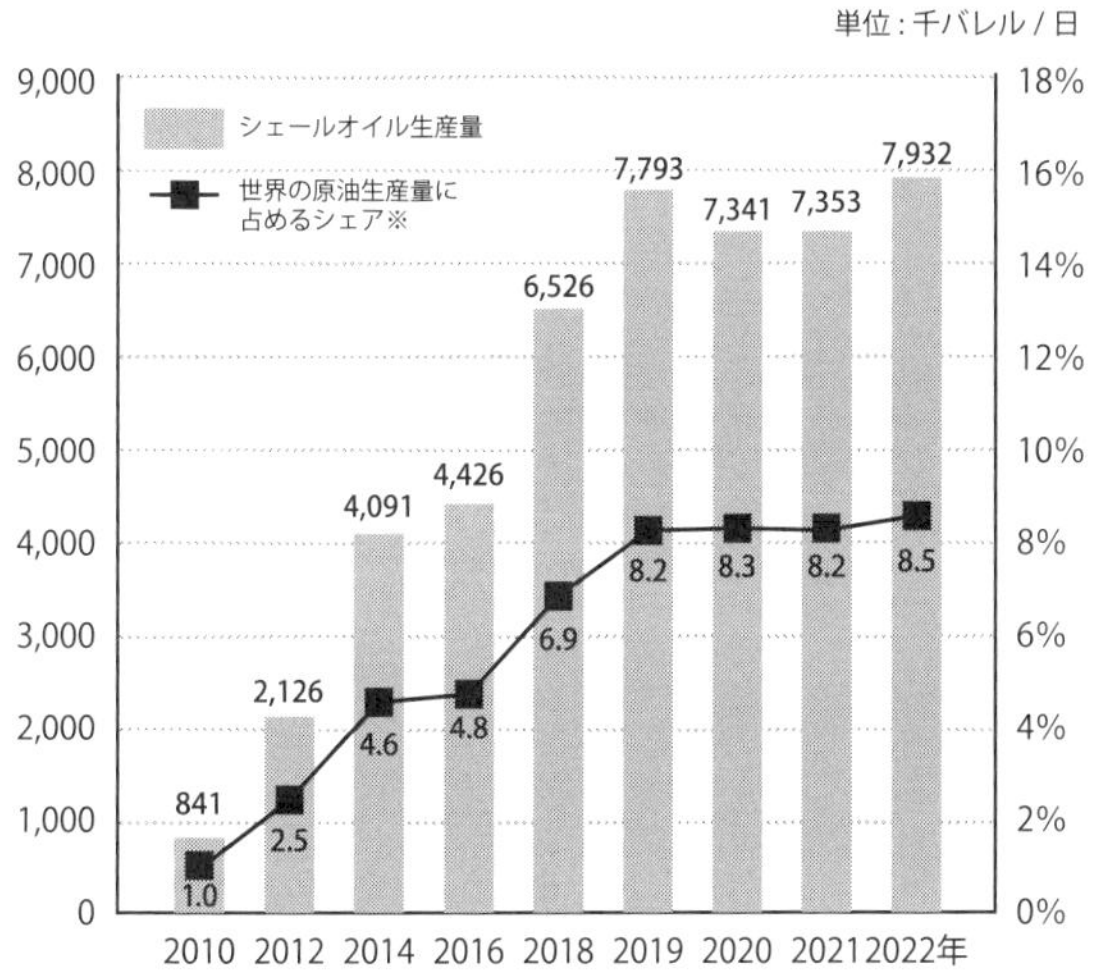

※生産量シェアは、米国シェールオイル生産量 ÷ 原油生産量世界合計
出所：EIA（米国エネルギー情報局）、Energy Institute「世界エネルギー統計」（2023 年版）

出所：石油連盟「今日の石油産業」

に移行していった。すなわち、シェールガスの増産で米国内の天然ガス価格が暴落し採算が取れなくなり、国際価格として一定水準が維持されている原油のほうが有利になった。また、シェールガスの出荷にはパイプラインの新設が必要なのに対し、シェールオイルはタンク車による近隣からの鉄道（貨車）輸送が可能でコスト的に有利であったという背景があった。

■米国の最大産油国化・エネルギー自立

ここからは、シェールオイル実用化・商業化の影響・インパクトを考える。

２００９年頃から、米国のシェールオイル生産は急増し、２００８～19年の間、

三大産油国の原油生産量推移

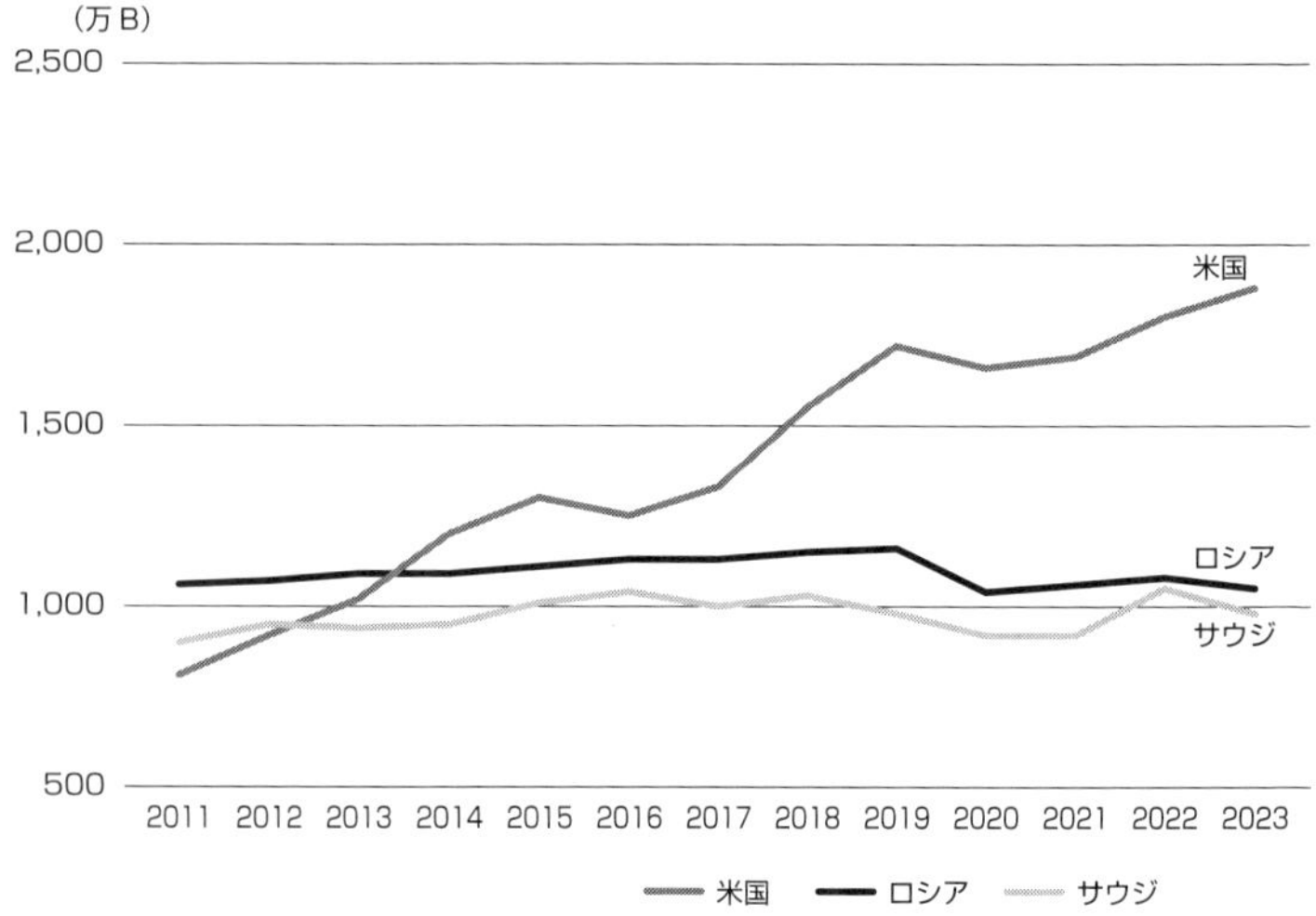

出所：IEA（2023）

米国の原油生産は、２００８年が８００万ＢＤ（バレル／日）程度だったものが、年間１００万ＢＤ（世界供給の約１％相当）ずつ増加し、２０１４年には１２００万ＢＤを超えた。ロシアとサウジを抜き、世界一の産油国に、さらに、２０１８年には石油の純輸出国となり、２０１９年の生産量は１７２０万ＢＤとなった。２０２０年はコロナ禍で原油価格は暴落、産油量も１６８０万ＢＤに落ちたが、２０２３年には１８８０万ＢＤに回復した。70年代から米国の石油輸入は増大し、２０００年代初めには石油需要の半分程度は輸入で賄われていたことから、シェールオイル増産による純輸出国化は、シェールガスの増産と相まって、エネルギー自給率を高め、エネルギー安全保障を向上させるとともに、米国のエネルギー自立（Dominance）を達成させたといわれた。

こうしたシェールオイル・ガスの生産本格化は、米国経済はもちろん、国際エネルギー市場や国際関係など広く、大きな影響・変革を及ぼした。これらの影響を総称して「シェール革命」といわれる。

■米国の産業競争力向上

シェールオイル・ガス増産のインパクトとして、米国の国内総生産（GDP）の増大・貿易収支の改善・直接間接の税収増加はもちろんのこと、国内天然ガス価格の低下を中心に、エネルギーコストの低下を通じて、米国の産業競争力は大きく向上し、「製造業ルネッサンス」が到来したともいわれた。また、国際エネルギー機関（IEA）は、2013年世界エネルギー展望（WEO）で、シェール登場後の米欧日のエネルギーコストを比較し、米国を1とすると、欧州は約1・5倍、日本は約2倍になると試算した。

また、シェールガス増産によって、熱量等価の燃料コストは天然ガスが石炭より安くなり、トランプ大統領の度重なる石炭「擁護」発言にもかかわらず、発電用燃料を中心に石炭からガスへの転換が起こり、石炭需要が減少、結果的に、米国のCO_2排出量は大きく減少した。

さらに、シェールガスについては2000年代、米国のガス需要の増大で2010年代半ばには供給不足が発生すると予想されたため、テキサス州フリーポートでは液化天然ガス（LNG）

の輸入基地と液体のＬＮＧを気体ガスに変換するための気化設備の建設が進められたが、シェールガスの増産でその予想は逆転し、２０１４年からは、それらの施設は、逆に気体ガスを液体ガスに変換する液化設備とＬＮＧの輸出基地に転用された。天然ガスを輸送するためには、気体のままパイプライン輸送するか、低温液化（マイナス１６２℃）し、容積を６００分の１にした上でＬＮＧタンカー輸送するしかない（少量であれば、ＬＮＧローリーもある）。

わが国へのシェール革命の影響として、最大のものは、液化石油ガス（ＬＰＧ）の輸入先の転換であろう。ＬＰＧは、プロパン、ブタンを主成分とする液体ガスで、わが国を中心に東アジアにおいて、シリンダー（ボンベ）により供給され、厨房・給湯・暖房等に使用されている。わが国の場合、およそ4分の3が輸入で、シェール革命以前は、その4分の3がサウジアラビア産だったが、以後は、シェールオイル・ガス起源のＬＰＧが増産され、米国産（輸入の74％、２０２０年）にシフトした。

このように、２０１０年代後半には、米国経済はリーマンショック（２００８年9月）による経済不況から回復、好調を維持し、「独り勝ち」ともいわれたが、それにはＧＡＦＡ等ＩＴＣ（情報技術通信）企業の急成長とともに、シェール革命も大きく貢献していたものと思われる。

■石油の枯渇懸念の後退

シェールオイルの商業化は、カナダ産オイルサンド、ベネズエラ産オリノコタール（超重質油）

などの商業化と相まって、非在来型原油として、資源制約（枯渇）の懸念を大きく後退させた。

2000年代の原油価格高騰期には、資源量の制約を前提に、近い将来、原油生産はピークを迎え、減少に転じるとする「ピークオイル論」が盛んに論じられたが、シェールオイル・ガスの増産とともに、こうした議論は影を潜めた。ピークオイル論は、何故か金融系アナリスト中心の主張で、原油先物市場の金融化の流れの中で原油価格の上昇要因の一つとなった。

米国エネルギー情報局（EIA）の2016年の暫定試算によれば、シェールオイル・ガスの可採資源量（確実に商業生産できる数量を示す埋蔵量とは別の概念で、資源の存在量に近い）は、在来型石油・天然ガスにそれぞれ10％、32％増加するとしているが、評価対象が42カ国に限られ、しかも中東・カスピ海周辺諸国を除いているため、小さ過ぎるといわれている。

シェールオイル・ガスの生成の原理からすれば、ほぼ無尽蔵と考えてよく、事実上、「枯渇」はありえなくなったといえる。

■英国の場合：「大英帝国」の復活

また、石油の新規開発で、国力や国際競争力が回復した例を振り返ってみると、70年代後半からの英国の例がある。1960年代から70年代にかけて、ポンド切り下げ（67年）・シンガポール英軍撤退（71年）・ポンド暴落（76年）など、英国経済の衰退・長期低落傾向が指摘された。しかし、「鉄の女」サッチャー（首相在任：1979～1990年）の登場後、奇跡の復活を遂げたことがあった。確かに、サッチャーの新自由主義的経済政策が功を奏した面もあったが、背景には、北海油田の生産本格化（70年代半ば）による、石油の純輸出国化・貿易収支の大幅改善がこれに大きく寄与したことは間違いない。

■米国の中東撤退の加速

シェール革命は、国際政治にも大きな影響を与えた。

米国の最大産油国化・純輸出国化（エネルギー自立）は、米国にとっての中東地域の重要性を低下させ、中東からの石油安定供給確保の必要性がなくなったとの議論もなされた。オバマ元大統領は「もはや米国は世界の警察官ではない」と語った（2013年9月、テレビ演説）が、シェール革命が中東からの軍事上の撤退政策の加速要因になったことは確かであろう。そして、米国の中東撤退の結果、イランとその友好勢力、あるいはＩＳＩＬなどのイスラム過激派勢力の伸長・拡大を招き、中東におけるパワーバランスを一変させてしまった。

■石油需給の緩和・原油価格の暴落

２０１０年代、米国産シェールオイルの増産によって、国際石油市場の需給は緩和され、原油価格は２０１４年夏までの１００ドル水準から15年の年明け以降、50ドル前後に暴落した。

加えて、シェールオイルの増産に対し、当初、サウジを中心とするＯＰＥＣは、生産コストが約60ドルと在来型原油の倍以上することから、ＯＰＥＣ原油を増産し価格を暴落させることで安値競争を仕掛け、シェールオイルを減産に追い込もうとした。そのため、２０１４年12月のＯＰＥＣ総会では増産を決めるとともに生産シェア奪回を宣言した。14年秋以降、原油価格は予想通り暴落したが、シェールの生産量はほとんど変わらなかった。シェール業者たちの多くは、銀行返済のリスク回避のため、１００ドル以上の高値で向こう1年間の先物予約をしており、かつ操業停止（シャットダウン）価格は固定費を除く変動費の可変価格であり、固定費を含む原油価格よりはるかに安いため安値競争には耐えられたものとみられる。

■ＯＰＥＣプラスの誕生

そのため、ＯＰＥＣ側は方針を変更、２０１６年初め頃から、価格立て直しのため減産を模索した。16年2月の総会では、サウジとイランの対立で合意できなかったが、11月のアルジェリアで開催された国際エネルギーフォーラムの際、ロシア等の非加盟産油国を含めた閣僚級会議が開催され、17年1月からの協調減産が合意された。このときのＯＰＥＣ加盟国（当時13か国）と非加盟主要産油国（ロシア、アゼルバイジャン、メキシコ等10か国）の国際石油市場における協力に関する合意は「アルジェ憲章」として明文化、公表されている。これが後に「ＯＰＥＣプラス」と呼ばれる産油国組織の始まりである。従来、ＯＰＥＣが担ってきた世界の石油需給の調整機能は、今後、ＯＰＥＣプラスに移行されることになった。

そもそも、ＯＰＥＣプラスは、米国のシェールオイルの増産による原油価格暴落後の価格低迷期に、ＯＰＥＣの盟主サウジと非加盟主要産油国リーダーロシアが中心になって、財政収入低迷に悩む産油各国が、協調して生産調整にあたる枠組みであり、２０１４年に最大産油国化した米国に対抗するためのロシアとサウジの産油国2位、3位連合でもある。したがって、石油市場においては、米国は、サウジとロシアのライバルとなった。ＯＰＥＣプラスが２０１７年初からの協調減産を決めた際、英エコノミスト紙は主導国であるサウジとロシアによる「石油同盟」の成立と評した。いまや、サウジの実質的な同盟国は、米国ではなく、むしろ、ロシアだと考えたほうがよいかもしれない。

石油（産業）は典型的な装置産業で供給圧力がかかりやすく、石油製品も必需品が多いために価格弾力性はゼロに近い。そのため需給バランスを崩すと、価格は暴騰・暴落を繰り返す。そのため、国際原油市場では、価格安定のためには、需給調整を担う主体が必要不可欠となる。世界の原油市場に占めるＯＰＥＣのシェアは約34％に止まるが、ＯＰＥＣプラスのそれは54％となる。したがって、生産調整を行う場合、その効果は従来のＯＰＥＣよりＯＰＥＣプラスのほうがはるかに大きいし、ＯＰＥＣ加盟各国にとっては、減産を行う際の減産に伴う負担は小さくて済むことが、メリットになる。

このように、シェール革命は、米国を最大産油国にしただけでなく、ＯＰＥＣプラスの形成・協調減産の実施など、国際石油市場の供給構造を一変させた。

2-4 サウジとの関係悪化

米国とサウジアラビアの同盟関係の始まりについては、すでに述べた（第2章第2節冒頭）。長い両国関係は、「特別な同盟関係」、「石油と安全保障の交換」などといわれてきたが、現在、史上最悪の状況にあるといわれる。

なぜ、長年の友好関係が「最悪」といわれるようになったのか、その原因・背景について、最近の状況・前提の変化を中心に、明らかにしたい。

確かに近年の米国の中東政策の失策の影響が大きいが、前節で見た、シェール革命による国際石油市場の構造変化もあり、さらには、ここにも「脱炭素の影」が忍び寄っていることは間違いない。

■「石油と安全保障の交換」の終焉

米国とサウジの同盟関係の基礎にある「石油と安全保障の交換」については、米国の脱炭素政策の推進とも相まって、米国はシェール革命でサウジの石油を必要としなくなったのであり、同盟関係の前提は崩れ、継続する意味が問われることとなった。その意味では、「石油と安全保障の交換」は意味をなさなくなったのであり、終焉を迎えたのかもしれない。

また、一般論としても、同盟関係はその目的が達成された後は有名無実化する例が多い。例えば、日英同盟（1902年1月〜1923年8月）も、日露戦争で日本が勝利してからは双方にとって実質的に意味をなさなくなった。米国・サウジ同盟も、湾岸危機を乗り切り、湾岸戦争で勝利して、その目的を達したのかもしれない。

ただ、サウジにとっては、最大の安全保障上の脅威、イランの存在があり、米国の安全保障の提供は今後とも必要不可欠である。米国の中東政策の失策の連続が原因で形成され、実質的にサウジ包囲網である「シーア派の三日月」の中で、イランとの外交関係は中国の仲介で回復できたとはいえ、対中関係、対ロ関係、対イスラエル関係を含めて、難しいかじ取りの局面にあることは確かだろう。

以下、ここでは、同盟関係悪化の複合的な要因について、他の側面も考えておきたい。

■イランの脅威「シーア派の三日月」

イラン革命後、湾岸のスンナ派王制諸国は、シーア派宗教革命の「輸出」を怖れてきた。そして、イラン・イラク戦争（1980〜88年）では、イラクのフセイン大統領に「イランの防波堤」の役割を期待し、湾岸戦争でもクウェートから駆逐したもののフセイン体制は温存してきた。しかし、ブッシュ・ジュニア大統領は、イラク戦争（2003年）でフセイン政権を打倒してしま

シーア派の三日月

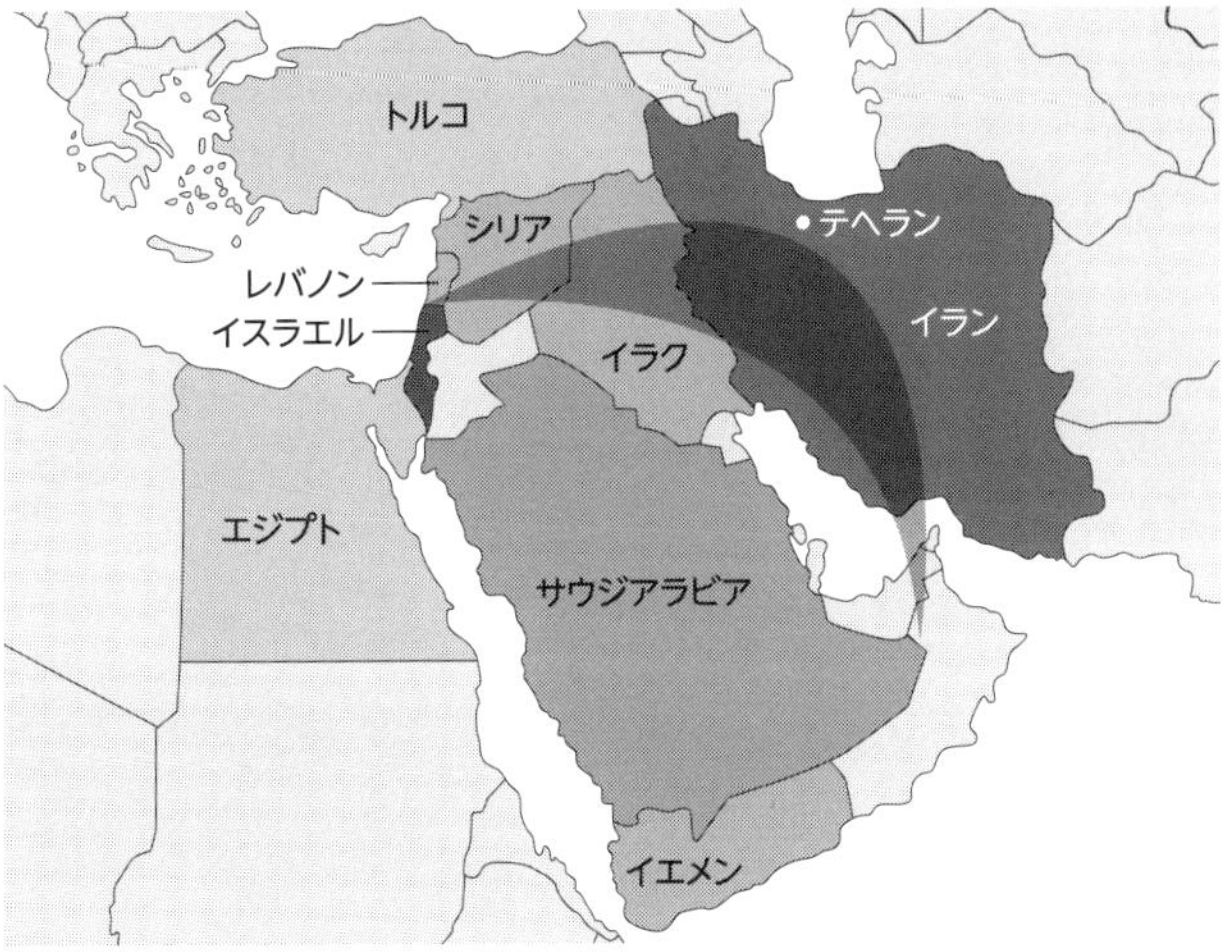

い、おせっかいにも「民主選挙」を実施し、人口比で多数を占めるシーア派政権を誕生させた。その結果、イラクはイランの友好国になった。

なお、新政権に追われたイラクの前政権バース党の軍人・官僚は追放され、「イスラム国」（ＩＳＩＬ）に多数合流することになり、統治能力を有したＩＳＩＬはイラクからシリアに至る「カリフ制イスラム共和国」を宣言する（２０１４年４月）。

また、イランは、イラク友好国化でイラクを通じ、シリア、レバノンと地中海への「通路」を確保し、サウジの南隣のイエメンを含めて、ヨルダンのアブダラ国王は、イラン勢力が湾岸王制諸国を取り囲む状況を「シーア派の三日月」と称した。サウジにすれば、イラク戦争という米国の失策で、イランの伸長を許し、事実上のサウジ包囲網を形成されたことになる。

■イラン核合意への反発

２０１５年7月、国連常任理事国5カ国とドイツ（Ｐ５＋１）はイランとの間で、イランが核開発を凍結する見返りに、対イラン経済制裁を解除することで国際合意（包括的共同行動計画、ＪＣＰＯＡ、いわゆる「イラン核合意」）した。しかし、イラン核合意は、これをレガシー（歴史的遺産）としたいオバマ元大統領の合意当時から、「内容が不十分で、将来のイラン核兵器開発・保有を容認している」として、批判があった。オバマ元米大統領が、イラン核合意を決めた際、最も反発したのは、イスラエルとサウジアラビアだった。特に、サウジは、伝統的にイランと地域で覇権争いを演じてきた。

そのため、18年5月トランプ米大統領は、合意には致命的欠陥があるとして離脱を宣言し、合意内容の見直しを要求、イランとのドル決済の制限（11月実施）やイランからの石油輸入の禁止（19年5月から実施）といった経済制裁を復活させた。これに対し、イランは猛反発し、ウラン濃縮活動の再開など、核合意の義務履行の停止で対抗している。その後、ペルシャ湾では、両国の緊張が続いており、イラク戦争後の２００３年サウジから撤退した米軍は16年ぶりに再配備された（２０１９年8月）。なお、バイデン政権になって、双方の核合意復帰に向けた交渉は、断続的に行われているが、難航している模様である。

このように、オバマ大統領によるイランの将来の核開発の余地を残すような「核合意」は、米国による裏切りと映ったに違いない。サウジとアラブ首長国連邦（ＵＡＥ）はイランが核武装した場合はこれに追随するとし、パキスタンとの間に核移転の秘密合意があるといわれる。

■米国とイランの相互不信

こうした米国・イラン関係の緊張は、根本的には、長年の両国間の相互不信に起因しているように思われる。

イラン側にすれば、米国はモサデグ政権を1953年に転覆させた張本人であり、その後、王位に就いたパーレビ国王の独裁を支えたのも米国であったという屈辱の歴史がある。イラン・イラク戦争でも、米国はイラクに軍事支援を行った。1979年の宗教革命後、イランは反米機運を高め国内を統一してきた。一方、米国側にすれば、1979年11月から、在テヘラン米国大使館で米国人外交官が444日にわたって人質にされ、1983年には、イランに支援された過激派勢力「ヒズボラ」がレバノンで米海兵隊宿舎に自爆攻撃を行い、米軍兵士241人が犠牲になった。2003年には、反体制派がイランの核兵器開発計画を暴露している。

米国・イランの対立の延長上で、2019年9月には、経済制裁の再開に対する報復、ないしサウジへの米軍再配備への抗議と見られる、イランによる巡行ミサイル・ドローン（無人機）攻撃が、サウジの石油施設中枢にあり、一時はサウジの原油生産量1000万BDの約半分が出荷停止された。その際、サウジはイランに対する報復を米国に期待した模様だが、当時のトランプ大統領は「米国が攻撃されたわけではない」として動かなかった。

■9・11同時多発テロの「後遺症」

米サ同盟関係悪化の背景には、9・11同時多発テロ（2001年）以降の米国世論の対サウジ感情の悪化があることも間違いない。3000人近い犠牲者を生んだ9・11同時多発テロの実行犯の圧倒的多数（実行犯19名中の15名）の国籍やそれらのメンバーの日常生活の資金源がサウジ外交筋であったことで、米国世論がサウジに批判的になることは致し方ないことであろう。特に、民主主義国では国民世論を無視することはできない。

2016年9月には、米議会で同時多発テロの遺族によるサウジ政府への損害賠償請求を認める「テロ支援国制裁法」（JASTA）が成立するに至った。

また、サウジのファリハ元エネルギー産業相は、国営石油会社アラムコの新規株式公開（IPO）の海外市場への上場には反対していたとされるが、その主な理由は、このテロ国家支援法（JASTA）と、当時期議会で審議中であった、OPECを原油価格つり上げを図る反トラスト法違反と認定する法案に対する訴訟リスクであった。

■カショギ殺害事件・女性人権の問題

米国世論をさらに悪化させたのは、著名ジャーナリストであったジャマル・カショギ氏の殺害事件であった。

2018年10月、カショギ氏は再婚手続きのため、サウジの在イスタンブール総領事館に入ったところ、館内でサウジから来ていた秘密警察メンバーに殺害され、遺体はバラバラにされた。この事件でトルコ当局から殺害の一部始終の音声が公開され、ムハンマド皇太子の関与が疑われたものである。当時はトランプ政権でホワイトハウスとの関係は悪くなかったが、米議会や米国のメディア・世論との関係は冷え切ってしまった。米中央情報局（CIA）や米連邦捜査局（FBI）といった情報機関までサウジには批判的で、カショギ氏殺害事件の「皇太子首謀者説」をリークしたとされている。バイデン大統領は、この問題を特に重視しており、ムハンマド皇太子を避けているといわれる。

カショギ氏の一族には、ロッキード・グラマン事件でも登場した有名な武器商人で、ハリウッド女優ブルック・シールズと浮名を流したアドナン・カショギもおり、サウド家とは近い一族と見られていた。そのため、ニューヨークタイムズにサウジに批判的なコラムが連載されたことで、ムハンマド皇太子や王室メンバーからは、「裏切り者」と見られたのであろう。

もちろん、米国内では、サウジ王政に対しては独裁体制や社会進出を阻害されている女性の人権問題でも、従来から批判的な意見が多かった。

■バイデン大統領の原油増産要請

米国では、ガソリン価格は、自動車に依存せざるを得ない低所得階層にとって、ガロン（3・785リットル）当たり3ドルが負担の限界といわれてきたが、2022年のウクライナ侵攻直後には5ドルを超えたことがあった。その秋、中間選挙を控えたバイデン大統領としては、国民的不満を抑えるためには、何としてもガソリン価格を低下させたかった。そのため、繰り返しサウジを始めとするOPEC産油国に対し原油増産を要請したが、無視され続けた。

原油価格抑制を目指すなら、2014年秋以降の暴落時のように、米国内のシェールオイルの増産を図り、国際石油市場に需給緩和状態を作るのが、最も早くて確実な手段であろう。しかし、バイデン政権は、環境保護や気候政策が民主党の看板政策である以上、表立った規制緩和や石油会社への増産要請はできない。

2022年7月15日のサウジ訪問でも、バイデン大統領は増産要請を行ったが、サウジにとってみれば、埋蔵資源の座礁資産化を招くような気候政策を推進している米国から、原油価格値下げのための増産を要求されても、簡単には受け入れるわけにはいかない。脱炭素を推進する指導者が産油国に増産を要請するなど「噴飯物」というしかない。超長期の相互依存関係を前提として、消費国への低めの原油価格での安定供給維持を採用していた時代とは違うのである。

バイデン大統領は、拙速な気候政策が原因である原油価格高騰を産油国に責任転嫁しているように見える。その意味で、選挙対策上、何度空振りに終わったとしても、産油国に増産要請を続けること自体に意味があったのであろう。産油国批判は、「グリーン・インフレ」の最たるものである原油価格高騰の真の理由のカモフラージュとしか思えない。

■サウジの同盟関係のねじれ

しかも、サウジと米国の二国間関係は、過去、最悪の状況にある。確かに、両国は伝統的同盟国であり、サウジにとってイランの脅威という安全保障上の見地から、米国の軍事的保護が今後とも必要不可欠であることは間違いない。

しかし、イラク戦争以降、「アラブの春」時の対応、例えば、ムバラク・エジプト大統領に対する対応やシリア内戦に対する不介入を含めて、米国による中東政策の失策の連続で、結果的にイラン勢力の拡大・伸長を許し、イラン勢力によるサウジ包囲網「シーア派の三日月」を形成させ、サウジの安全保障環境を悪化させてしまった。加えて、米国はシェール革命で最大産油国化（2014年）、エネルギー自立で中東原油の重要性は低下、中東における米軍撤退を加速させた。さらには、オバマ元大統領は、サウジ等の反対を無視して、レガシー（歴史的遺産）として、将来のイラン核開発・核武装の余地を認める内容の核合意を成立させた。トランプ大統領は、これを離脱、大幅な見直しを要求したが、バイデン大統領は、現在、核合意再建の交渉中である。

このように、米国とサウジの間には、多方面にわたる、大きな溝・ズレがあり、問題をバイデン大統領とムハンマド皇太子の関係という両国指導者間の相性の問題に矮小化すべきではない。

今後の米国とサウジの同盟関係は微妙であり、むしろ、ロシアとサウジの「石油同盟」の深化が想定される状況である。ただ、対イラン安全保障問題があるために、サウジには米国とロシアとの間で、同盟関係・友好関係にねじれが生じているように思われる。

また、サウジはG20に参加しているが、2023年末にはBRICSへの参加が決定、中国・ロシアが主導する「上海条約機構」への参加も模索しているといわれ、グローバル・サウスの有力な一角として、国際社会における発言力の拡大に努めているのであろう。

第3章

サウジアラビア：脱炭素への国家戦略転換

「石器時代が終わったのは石がなくなったからではない」

（ザキ・ヤマニ　サウジアラビア元石油相）

3-1 サウジアラビアと石油

サウジアラビアといえば、石油と砂漠を連想するだろう。

サウジは石油大国であり、第二次世界大戦後、長年（シェールオイルなどの非在来型石油の実用化以前）、世界最大の石油埋蔵国であったし、かつ現在でも世界最大の石油輸出国、世界第3位の産油国である。

ここでは、脱炭素が現実の課題となる中で、サウジにとっての石油の意味、石油依存の現状・その背景を考えてみたい。

■石油時代の終焉

1970年代に〝Mr・OPEC〟と呼ばれたサウジのザキ・ヤマニ元石油相は、70年代終わりから80年代初めにかけて、たびたび、「石器時代が終わったのは、石がなくなったからではない」と発言している（ジェフリー・ロビンソン『ヤマニ―石油外交秘録』ダイヤモンド社、1989年）。

すなわち、石器時代が終わったのは、石材が枯渇したからではなく、青銅器や鉄器等の技術革新に取って代わられたからであり、石油の時代も大量の埋蔵を残したまま、技術革新に伴う石油代替技術によって石油需要がなくなって終わる可能性があるという意味である。この認識は、サウジ石油省や国営石油会社（Saudi Aramco）は当然のこと、王族を含め、同国指導層の共通認識であるといってよく、サウジ石油政策の基本的考え方ともなっている。つまり、サウジは「石油の枯渇」による石油の終焉より、むしろ、石油代替技術の開発による消費国の「石油離れ」、石油消費の喪失による石油の終焉を怖れている。筆者がサウジ在勤中、石油の枯渇を心配する石油関係者・ビジネスマンは一人もいなかった。

当初、この言葉はＯＰＥＣ加盟国の同僚・各国石油大臣に向けたもので、メジャー国際石油資本から価格支配権を奪取したＯＰＥＣが、各国の意向・政策的必要性から恣意的に価格引き上げを繰り返したため、このままだと、新規油田開発・石油代替技術開発・省エネルギーによる消費国のＯＰＥＣ石油離れを招くとして、ＯＰＥＣによる恣意的な価格引き上げを諌めたものだった。当時の石油取引は、「公式販売価格（ＯＳＰ）」として、固定価格を採用していたため、政策的な価格設定が行われていた。

しかし、脱炭素の取り組みが本格化し、電気自動車（ＥＶ）の普及が進むいま、この言葉はサウジにとって新しい意味を持つ、現実的課題となった。

サウジは、財政収入の62％を石油収入（２０２０年予算で１３６８億ドル）に依存し、輸出代金の66％が原油輸出（２０１８年実績、１９４４億ドル）となっている。石油への依存は経済だけでなく、政治体制を含め国家の存立自体が石油収入により成り立っているといえる。そのため、国家体制・経済構造全般にわたって石油に依存するサウジは、世界的な脱炭素の動きの中、石油政策はもちろんのこと、国家戦略全般に及ぶ見直し・改革・転換を余儀なくされている。

■サウジアラビア王国の建国過程

こうした石油依存の背景には、サウジが王制国家・イスラム国家であることが大きく影響している。

すなわち、アラビア半島中央部、ネフド砂漠の真ん中のリヤド近郊のオアシス集落ディライヤに割拠した豪族サウド家が、オスマントルコ崩壊後、周辺部族を糾合・征服し、南部と湾岸の一部を除き、ほぼアラビア半島を統一、建国（1932年）を進めた。その過程で、イスラム教スンナ派の一派ワッハーブ派の宗教勢力と提携、その権威と勢力を活用したため、ワッハーブ派を尊重・支援せざるを得ない。そのため、いまなお、イスラム教の聖職者は全員、公務員であり、政府が報酬を支給するとともに、巨大な宗教組織を国家として維持している。さらに、サウジの国王は「2大聖地の守護者」（The Custodian Two Holy Mosqs）と自ら称し、イスラム教の2大聖地であるメッカとメディナの保護者であることを権威の根源として、世界のイスラム圏（国家）のリーダーをも自認している。

また、アラビア半島統一を進める過程で、「建国の父」であるアブドルアジズ（イブン・サウド）

サウド家の国家統一はここから始まった

（首都リヤド・マスマク城2014年2月筆者撮影）

大王が、征服部族を含めて、各地の豪族との婚姻政策を積極的に展開し、大王の息子は少なくとも36人いるとされる。そのため、王族は現在、直系・傍系を含めて3万人以上といわれている。

したがって、サウジは国家としてこれら宗教界と王族という2つの不労階級を維持し、経済的に養っていかなければいけない。

■湾岸王政産油国の「社会契約」

このような極めて特異な政治体制を維持するには、サウド王家の独裁にならざるを得ず、国民は人権や民主主義を諦めざるを得ない。サウジでは国王が絶対君主であり、議会に相当する諮問会議の議員も勅選である。サウジ人に信教の自由はなく、サウジ国籍の男性の子供は自動的にイスラム教徒となり、基本的に改宗・離脱は許されない。他方、経済的には、税制をみると間接税である付加価値税（VAT、現行10％）はあるが、国民に課税する所得税はない。

一般に、湾岸王制産油国の統治者と国民の間には、国民に対する人権や民主主義の制約の代償として、生活全面にわたる手厚い給付と社会福祉を実現するという一種の「社会契約」が成立しているとする考え方がある。こうした高コスト国家を支えているのも、石油の「富」、石油収入である。

特にサウジの場合、原油の平均生産コストは1バレル当たり2・8ドル（アラムコ社債目論見書）と圧倒的に低コストである。最近の中東原油の出荷価格は70ドル台なので、60ドル以上の利益（レント＝剰余価値・地代）が得られる。ちなみに、ロシア原油の生産コストは15〜20ドル、米国のシェールオイルの生産コストは20〜40ドル程度といわれている。

湾岸王制産油国は、大きなレント（石油収入）が、政治体制・経済体制の基盤になっていることから、「レンティア（レント）国家」と呼ばれている。

3-2 第一次石油危機と石油利権回復：原油価格支配権奪取

建国（１９３２年）時には、メッカ・メディナへの巡礼とジェッダを中心とする交易からの収益が主な国家収入だったが、石油権益を米国に与えて（１９３３年）からは、石油収入も期待できるようになった。ただ、第二次世界大戦（１９４５年）後原油生産・輸出が本格化しても、石油収益・天然資源の富の大部分は、「アラムコ・パートナー」といわれる米系メジャー4社（ソーカル・テキサコ・エクソン・モービル）に持ち出された。その経緯については、前述した（第2章第2章）。ここでは、その権益・石油の「富」をサウジがどう取り戻し、どのように維持・活用したか、また米国資本のアラムコをどのように国営石油会社サウジアラムコとしたか振り返ることとしたい。

さらに、原油価格の設定権を国際石油資本から手に入れた産油国・ＯＰＥＣがどのように対応したかも大きな問題であり、その結末も振り返りたい。

■OPECの設立と天然資源恒久主権

石油輸出国機構（ＯＰＥＣ）は、第一次石油危機に先立つこと13年、１９６０年9月14日、バグダッドにおいて、サウジアラビアとベネズエラを中心に、イラン、イラク、クウェートの5カ国により設立された（現在12か国）。当時は、原油の慢性的供給過剰により、取引実勢価格が国際石油会社の産油国への支払いの基礎となる原油公示価格を下回る状況が続いており、メジャー国際石油会社による公示価格の引き下げ阻止と石油収入の拡大のための協調が、ＯＰＥＣ創設の最優先課題であった。しかし、何分にも、60年代の国際石油会社の石油市場支配力は絶大であり、この時期にＯＰＥＣの見るべき成果はなかった。ただ、こうした資源途上国の不満・要求は、国際的にも大きな声となって、１９６２年の国連総会決議「天然の富と資源に対する恒久主権」となって結実し、ＯＰＥＣの活動を後押しすることになった。

その後、68年6月総会で、ＯＰＥＣは、①既存利権契約の更改、②事業参加（パーティシペーション）、③産油国政府が決定する公示価格（課税基準価格）の採用、等の要求を内容とする「加盟国の石油政策に関する宣言的声明」を決議した。同声明は、当時としては驚くべき内容であったが、前記国連決議を含め、国際的な資源ナショナリズムを背景としたもので、その後のＯＰＥＣの行動指針となった。

そして、原油需給のタイト化、リビアの対独立系石油会社交渉の成功（70年9月）等を背景に、70年12月総会の決定に基づき、中東湾岸６カ国は国際石油会社と団体交渉を行い、71年2月14日、①産油国による国際石油会社への所得税率の55％統一、②公示価格の引き上げ（基準原油アラブライト価格：１・８０ドルから2・１８ドル）、③原油価格の75年までのインフレ自動調整、を主な内容とするテヘラン協定を締結した。同協定は、従来、国際石油会社が一方的に決定してきた公示価格を、産油国側の圧力で交渉により改訂したことに大きな意味があった。北アフリカ等のOPEC加盟国も、テヘラン協定に準じた新協定を結んだ。その後、米国通貨危機（ドル・ショック）以来のドル減価を理由として、公示価格を引き上げるため、テヘラン協定を強化改訂するジュネーブ協定（72年1月）、新ジュネーブ協定（73年6月）が結ばれ、石油危機直前にはアラブライト公示価格は3・01ドルに達した。

他方、原油生産会社（国際石油会社のコンソーシアム、産油国現地法人）の利権操業に対する産油国の事業参加問題については、71年7月のOPEC総会決議を受けて、72年2月、サウジ、アブダビ、クウェート、カタールの湾岸4カ国は、関係石油会社との間で、簿価に基づく補償と一定期間の原油買戻（Buy Back）権を条件として、①77年末までに25％参加、②78年から81年までの年率5％の参加比率アップ、③82年初最終的に51％の参加達成を行うことを主な内容とするリヤド協定を締結した。同協定が意味するところは、生産会社の既存利権と操業自体は認めつつも、従来の包括的利権協定に大幅な修正を加え、穏健・漸進的に事業の共同化を行おうとするもので、原油の生産とその処分（販売）に対する産油国の関与を確保し、最終的には優越的地位に立つことを目的としている。

こうして、第一次石油危機までに、OPECは国際石油会社を凌ぐバーゲニング・パワーとしての地位を築き、その目的のかなりの部分を達成していた。

OPEC加盟国の概要

項目 / 国名	政治体制	人口（2022年）	面積	国民1人当たり総生産（2022年）	原油生産量（2022年）		基準生産量※	原油輸出量（2022年）
		万人	千 km^2	米ドル	千バレル／日	%	千バレル／日	千バレル／日
アルジェリア	共和制	4,540	2,382	4,119	1,020	3.5	1,007	477
アンゴラ※	共和制	3,309	1,248	3,481	1,137	3.9	1,455	1,085
コンゴ	共和制	598	342	2,095	262	0.9	310	243
赤道ギニア	共和制	150	28	10,982	81	0.3	121	81
ガボン	共和制	216	268	10,149	191	0.7	177	185
イラン	共和制	8,569	1,648	4,110	2,554	8.8	—	901
イラク	共和制	4,225	438	6,253	4,453	15.4	4,431	3,712
クウェート	首長制	439	18	41,493	2,707	9.4	2,676	1,879
リビア	民主制	678	1,760	6,502	981	3.4	—	920
ナイジェリア	連邦共和制（大統領制）	22,160	924	2,122	1,138	3.9	1,742	1,388
サウジアラビア	君主制	3,479	2,150	31,850	10,591	36.7	10,478	7,364
アラブ首長国連邦	7首長国の連邦制	989	84	51,308	3,064	10.6	3,019	2,717
ベネズエラ	共和制	3,311	916	2,813	716	2.5	—	438
OPEC計	（13ヵ国）	52,662	12,205	6,408	28,895	100	25,416	21,389

※2022年10月5日の第33回OPEC・非OPEC閣僚会合で決定された2022年11月からの基準生産量。イランとリビアとベネズエラは減産を免除。2023年12月、アンゴラ脱退を発表。
出所：OPEC Annual Statistical Bulletin 2023

また、事業参加の条件となった原油買戻（Buy Back）権が第一次石油危機当時まで続いた結果、国際石油市場の需給調整は国際石油資本が担い続けることになり、価格設定権が産油国側に移っても、ある程度の需給均衡が確保され、国際石油市場の混乱は限定的なものに止めることができた。原油の処分権（消費国向け販売権）が産油国・ＯＰＥＣ側に移った第二次石油危機後、国際石油市場は上流と下流に分断され、需給調整・価格設定に大きな問題を起こすことになった。

第四次中東戦争と第一次石油危機

第四次中東戦争の勃発（１９７３年10月７日）を契機とした第一次石油危機は、わが国をはじめとする先進石油消費国に大きな衝撃を与えた。アラブの大義・連帯を掲げ、イスラエルと交戦するエジプト・シリアを支援するため、イスラエル友好国に対して、サウジを中心とするアラブ石油輸出国機構（ＯＡＰＥＣ）が、石油の段階的供給削減・禁輸措置を通告する、いわゆる「石油戦略」を発動したことに始まった。

結果的に、わが国は官房長官談話（１９７３年11月22日）に基づく親イスラエルから親パレスチナへの政策転換によって、現実の供給途絶・削減には至らなかったが、その過程でトイレットペーパーをはじめとする物資の不足や物価の高騰を招いた。国内の一部には、石油価格の上昇がトイレットペーパー買い占めに至ったことに疑問を呈する向きもあるが、当時、製紙業界の主要燃料は重油だったから、不思議なことではない。

石油戦略と並行して、原油価格の設定（支配）権をメジャー（国際石油資本）から奪い取ったOPECは、公式販売価格を連続的・恣意的に引き上げ、基準原油価格（アラブライト）は、消費各国の混乱の中、危機直前の1973年9月にはバレル当たり約3ドルだったが、翌年1月には約12ドルへと約4倍上昇した。

確かに、OAPECの石油戦略は、反イスラエル、パレスチナの不法占領反対という「アラブの大義」を前面に掲げた政治闘争の形をとったが、実質的には、アラブ産油国の結束は、国際石油資本（オイル・メジャーズ）と交渉中であった原油公示価格の引き上げ、さらには「天然資源に対する主権」の回復を有利に進めること、最終的には原油価格設定権を奪取するための経済闘争でもあった。

その結果、各産油国は、原油価格の引き上げのみならず、石油産業の国有化を通じて、石油資源に対する主権の回復、原油価格の設定権の奪取を達成した。同時に、先進消費国の消費者にとっては、パレスチナをめぐるアラブとイスラエルの対立の深刻さなど、中東情勢の難しさを強く印象付ける出来事となった。

■アラムコ国有化　サウジアラムコの設立

サウジも、天然資源恒久主権の考え方を背景に、前述のテヘラン協定やリヤド協定を通じて、段階的に時間をかけて、資源主権の回収・石油産業の国有化を進めた。1976年には、石油操業会社であるアラムコの国有化を決定、80年になって、１００％事業参加を達成した。これを「アラムコ接収」（Aramco Takeover）という。

その後、１９８８年12月には、アラムコの正式社名を「Arabian American Oil Company」から「Saudi Arabian Oil Company」に改称（略称はアラムコのまま）、株式を１００％サウジ政府に移管、法人登記についても、米国デラウェア州法人からサウジアラビア法人となった。

また、アラムコの従業員はもちろんのこと、80年代初めからは、役員・経営幹部についても、サウジ化（Saudization）が始まっていたが、88年時点ではアラムコにはまだ多くのメジャー出向者・ＯＢが残っていた。例えば、筆者のリヤド赴任時、アラムコのリヤド代表・事務所長はサウジ人になっていたが、前任者はメジャーＯＢであったし、本社の原油輸出マネージャー（部長級）もメジャー出身者であったが、その後任者はサウジ人になった。

余談ではあるが、一般にサウジ人は時間にルーズで、30年前、サウジでのビジネスにおいてはアポイントや会議の開始時間が30分程度遅れるのは普通だったが、アラムコだけは違った。欧米のビジネスどおり、時間厳守であった。また、アラムコは、サウジのビジネスでわいろや「袖の下」が通用しない数少ない組織だといわれていた。

このように、88年の組織改編で、名実ともに、アラムコは、「サウジ国営石油会社」となった。

サウジ・アラムコの概要

項目	内容
社名	Saudi Arabian Oil Company（Saudi Aramco）
事業戦略	上流：生産規模における競争優位性の維持・活用 戦略的統合と天然ガス事業拡大による価値獲得 下流：グローバルネットワークの強化
沿革	1933年 米ソーカル（現シェブロン）が子会社CASOCを設立、サウジ東部沿岸の開発利権を獲得 1938年 サウジのダンマン7号井で油田発見 1941年 Aramcoの石油積み出し港であるラスタヌラから原油初出荷 1941年 CASOCがArabian American Oil Co.（Aramco）に改称 1948年 エクソンとモービルが資本参加し、米系メジャー4社体制 1972年 リヤド協定（産油国政府への段階的利権返還の合意） 1976年 Aramcoの国有化決定 1980年 Aramcoへの100％事業参加（Aramco Takeover） 1988年 政府100％所有の国営石油会社Saudi Aramcoに改組 2019年3月 石油化学大手SABIC（サウジ基礎産業公社）を買収 2019年12月 株式1.5％をサウジ国内市場に新規上場
事業活動（2018年）	原油生産量：1031.5万BD、石油製品生産量：307.7万BD 石油化学製品生産能力：1678万トン／年
財務状況（2018年）	総収入：3559億ドル、純利益：1111億ドル、 総資産3590億ドル
埋蔵量	2568.9億バレル（2018年末）
主要油田	ガワール（1948年発見）、サファニア（1951年）、 マニファ（1957年）

3-3 国際石油市場の混乱とその再構築

第一次石油危機で、原油価格の設定権をオイル・メジャーズから奪い取ったOPEC産油国であったが、イラン革命・第二次石油危機、さらにイラン・イラク戦争（第2章第3節参照）を契機に、原油価格（OSP、基準原油公式販売価格）の恣意的引き上げを繰り返し、1981年11月には過去最高の34ドル、スポット価格は40ドルに達した。

原油価格の上昇は、世界経済に大きな打撃を与えたが、OPECにも大きな反動となって跳ね返った。「逆石油危機」といわれるその反動、その後の展開、特にサウジを中心とする国際石油市場の再構築、サウジの安定志向の石油政策を振り返る。

■逆石油危機への対応「スイング・プロデューサー」

第二次石油危機後も、OPECは原油価格の人為的引き上げを続けたが、先進消費国では、脱石油政策が本格化、燃料転換や省エネ等による需要減少とともに、価格上昇に伴う消費の減退も目立ってきた。さらに、原油価格上昇によって、新規油田開発が促進され、北海やアラスカ、メキシコ等OPEC非加盟国の新規油田からの原油生産が本格化した。こうした需要減退、供給増加によって、国際石油市場は70年代の需給ひっ迫から一転、80年代には需給緩和状況に陥った。こうした需給緩和、それに伴う原油価格軟化を「逆石油危機」（逆オイルショック）という。

また、オイル・メジャーズは、上流から下流までの一貫操業により、石油製品需要を確実に把握し、原油生産するという需給調整を的確に実施できたが、イラン革命頃から原油の買戻（処分）権を失った。ＯＰＥＣ各国は、原油販売だけで、製品需要を確実に把握できず、需給調整を的確に実施できなかった。そのため、国際石油市場は、上流と下流に分断された。

１９８２年３月、初めてＯＰＥＣは原油公式販売価格（ＯＳＰ）を引き下げ、加盟各国に生産枠を設定、生産調整を開始した。サウジアラビアは、生産枠は設定されなかったが、需給を見ながら機動的に減産を実施する「スイング・プロデューサー」（生産調整役）の役割を担った。そのため、サウジは、基準原油（アラブライト）価格を高めに維持、一国で減産を引き受けた。

同時に、80年代初めには、過剰生産原油がスポット（当用買い）市場に大量に流入するようになった。その価格のリスクヘッジのために、１９８３年３月にはロンドンの国際石油取引所（ＩＰＥ）が、11月にはニューヨークのマーカンタイル商品取引所（ＮＹＭＥＸ）が、相次いで原油先物取引を開始した。徐々に、原油のプライスリーダーは、ＯＰＥＣの公式販売価格（ＯＳＰ）から、先物価格やスポット価格に取って換わられることになった。

■スイング・プロデューサー放棄・原油価格の暴落

サウジが需給緩和に対応して、スイング・プロデューサーとして減産を続けた結果、イラン革命当時は1000万BD近くまで達した生産量は、1985年夏には100万BDを切る水準まで低下した。国家財政は原油価格の低下と生産量の減少のダブルパンチで困窮に陥るとともに、原油生産に伴うガスで運転していた海水淡水化工場や発電所など国内インフラの維持にも燃料不足で支障を来たした。

そのため、サウジは、これ以上の減産に耐えられず、石油市場の公平なシェアを回復するとして、スイング・プロデューサーを放棄、10月には原油固定価格（公式販売価格）を廃止、石油製品の末端価格（市況）を合成して算出する理論的な原油の価値を原油価格とする「ネットバック価格方式」を採用、販売攻勢をかけ、増産した。85年12月のOPEC総会でも、サウジの方針を追認、生産協定は停止、各国の自由生産で合意した。20ドル台で推移していた原油価格は、1986年夏には10ドル割れを記録した。

こうした状況に対して、OPEC産油国は原油価格低迷に伴う国内経済の低迷から脱するため、86年12月のOPEC総会では、原油固定価格（18ドル）制と生産協定への復帰を決め、87年前半の国際原油市場は概して堅調に推移した。しかし、原油価格が回復すると、生産協定への違反増産国が続出した。そのため、サウジは再び原油固定価格を放棄、88年2～3月にかけて、先物取引やスポットの市場価格に連動した「フォーミュラ価格方式」による原油販売を開始した。これにより、大増産を行った結果、1988年夏には、再び原油価格は10ドル割れの水準を記録した。

■「増産カード」と原油余剰生産能力

このときには、87年に原油価格は一時回復したものの、価格回復に伴い、生産協定（国別の遵守割当枠）違反の増産国が相次いだため、サウジは固定価格維持は難しいとしてこれを放棄するとともに、OPECの結束回復・生産協定の順守と、自らの生産能力に見合った生産量を実現するため、自ら増産を行い、原油価格を意図的に暴落させたものと考えられる。筆者はこれを「増産カード」と呼んでいるが、OPECにおいてこれが可能なのは余剰生産能力を有するサウジだけであり、それがOPECにおけるサウジの主導権・指導力、さらには、OPECの結束・生産協定の遵守の裏付けとなってきたものと思われる。加盟国はサウジを本気で怒らせれば、原油価格暴落で報復され、他の産油国にも恨まれる恐れがあるのである。これでは、サウジに逆らえない。その意味で「増産カード」は、協定違反の抑止力になってきた。

「増産カード」発動のためには、平時からコストをかけて余剰生産能力（生産余力）を保有、必要時にすぐに増産できることが必要であり、最近でも1000万BD弱の生産規模に対し、約200万BDの生産余力を持っているとされる。サウジの産油国としての強さの根源には、埋蔵量や生産量の大きさとともに、この生産余力があるものと考えられる。

ロシアは、この増産でソ連が崩壊したものと認識していると前述したが、ロシアのOPECプラスにおけるサウジ協調も、原油価格水準の維持・管理に参画するとともに、この「増産カード」を封じるためのものと考えられる（第1章第2節参照）。

■原油価格の市場連動への移行

1988年2~3月にかけて、サウジは、原油販売（輸出）価格を固定価格（公式販売価格、OSP）から市場連動のフォーミュラ方式に移行したが、その背景には、スポット（当用買い）市場や商品先物市場の発達があった。

イラン革命頃からのオイル・メジャーズの需給調整機能喪失で上流（原油）と下流（石油製品）の供給バランスが崩れ、産油国側が増産志向であることもあって、原油需給は過剰気味に推移したため、国際石油市場には余剰原油が増加し、スポット市場が登場した。さらに、スポット市場では市場価格、時価で取引されることから、契約時と資金回収時では価格変動があり、その変動リスクをヘッジ（回避）する必要があった。そうしたヘッジ・ニーズから、1983年には、ニューヨークとロンドンの商品先物市場に、原油先物が上場された。

基本的に、これら市場価格は、時価で石油需給状況を反映するので、公平かつ透明性のある原油の価格形成が行われる。さらに、産油国側としても、原油価格維持のために需要を把握して生産調整を行うより、市場の値動きを見ながら生産調整を行うほうが容易であり、生産水準の設定（上げ・下げ）によって、ある程度の価格の誘導が可能となる。

こうした状況から、原油価格の決定については、サウジは市場連動に移行し、すぐさま他の主要産油国もこれに追随した。こうして、原油価格の決定権は第一次石油危機後約15年、サウジを中心とするＯＰＥＣが握ってきたが、市場機能に委ねられることになった。わが国の輸入原油についても、産油国国営石油会社の販売（出荷）価格は、基本的にシンガポールの中東産原油スポット市場の価格にしたがって、決定されることになった。

■OPECによる需給調整

それ以降、原油価格の決定は市場に移行されたが、国際石油市場の需給調整役はＯＰＥＣが集団的に引き受け、

世界需要量—非ＯＰＥＣ供給量＝ＯＰＥＣ需要（Call on OPEC）

に見合う供給（生産）を行うようになった。すなわち、需給均衡のために世界の需要量は世界の経済状況等からある程度予想可能で、非ＯＰＥＣ供給（生産）量も、経済原理、あるいは税制・会計制度に基づけば、生産能力の限界までフル生産を行うものと考えられることから予想可能であり、その残余をＯＰＥＣに対する需要として、ＯＰＥＣは生産するものと考えられる。原油価格の引き上げを図りたい場合は、ＯＰＥＣは減産するであろう。

ＯＰＥＣ内部では、その生産総量を加盟国に割り当て、国別割当枠を設定、生産協定として合

意するのである。通常、生産カルテルでは、国別の割り当ては一定のシェアを前提に、「プロラタ」（比例）配分される。また、2017年初からの協調減産で、需給調整機能はOPECからOPECプラスに移行されたが、この考え方は同じである。前式の「OPEC」が「OPECプラス」に代わっただけである。

このように、第二次石油危機後の需給緩和・価格暴落に伴う混乱は、サウジを中心に収拾、国際石油市場のシステムは一変し、再構築された。基本的にそのシステムは、現在も維持・継続されている。また、石油産業の上流と下流の分断を受け、80〜90年代、サウジ・クウェート・UAE等の主要産油国は、メジャーのような一環操業を目指し、輸出製油所・合弁製油所の建設、消費国の流通市場参入（スタンド網の買収）等を活発化させる動きが目立った。

■穏健だったサウジ石油政策

過去、サウジの石油政策は、石油安定供給と安定的原油価格の維持を目指す、穏健な政策を採用してきた。自国の膨大な石油埋蔵量と石油消費国との超長期の相互依存関係を前提に、原油価格のつり上げによる短期的な石油収入の増収より、長期的な石油収入の確保・拡大を図るという考え方である。

前述（第2章第2章）のとおり、イラン革命（1979年）に伴う第二次石油危機においても、湾岸危機（1990年）・戦争（1991年）においても、サウジ・UAE等は緊急増産を行い、

2000年代の中国等の新興国を中心とする継続な需要拡大時にも、増産、供給拡大を行った。サウジにとって、石油収入は国家の存立そのものともいえるが、原油価格が高ければ良いというわけでもなく、むしろ他の石油輸出国機構（OPEC）産油国より、目標原油価格は低かった。すなわち、2600億バレル近い世界最大の在来型原油埋蔵国であることから、資源制約（枯渇）を意識することなく、超長期で石油収入の極大化を図ることが大切で、そのためには、相対的に低めの原油価格で安定供給（消費国の石油離れの防止）を図り、超長期の石油需要の安定的確保を目標にしてきたと考えられる。単に短期の「原油価格×産油量＝石油収入」だけでなく、時間軸を含めた石油収入の長期極大化を目指してきた。

サウジ主導の国際石油市場

こうした安定志向のサウジの考え方は、湾岸危機・戦争における危機管理の成功を経て、産消対話の進展の中で一般的理解を得られ、90年代から2000年代前半、国際石油市場は相対的に安定期を迎えた。

原油価格も湾岸戦争後、90年代半ば過ぎまで20ドル前後と比較的堅調に安定的に推移したが、97年7月～99年末にかけてのアジア通貨危機では、97年12月のOPEC総会において、景気減速の中での需要予想を誤り増産で合意し、20ドル台前半に下落、98年3月には10ドル割れ寸前まで暴落した。このとき初めて、OPECはロシア等非加盟産油国に協調減産を呼びかけ、目標価格帯25～28ドルを設定し、価格立て直しに努力した結果、99年には上昇基調に転じ、2000年には30ドル水準に達した。

■2000年代の原油価格上昇

2000年代に入ってからは、2001年9月の9・11同時多発テロの直後に一時米国経済はマヒ、米国航空便も全便欠航となったため、原油価格も10ドル台前半に下落したが、その後はアフガン攻撃（2001年12月）・イラク戦争（2003年3月）もあって、上昇を続けた。「地政学リスク」との言葉もこの頃登場した。

それ以上に、アジア通貨危機から立ち直った世界経済は、2000年代BRICS（ブラジル・ロシア・インド・中国・南アフリカ）を中心とする新興国に牽引され、急成長を遂げ、石油需要も大きく増加、需給はひっ迫気味に推移した。例えば、2000年から2010年の石油需要は、中国が470万BDから880万BD、インドが230万BDから330万BDに増加した。またこの頃、世界的な過剰流動性（金余り現象）を背景に、石油先物市場にも各種機関投資家等が参入し、取引残高が激増した。さらに、資源制約を前提に、近い将来供給制約が始まるとする「ピークオイル論」は石油枯渇懸念をあおり、先物市場の原油価格上昇に拍車をかけた。

このように、需給要因・地政学要因・金融要因と3つの原油価格の上昇要因がそろったことによって2000年代のWTI先物価格は、2000年代初頭の10ドル台後半からほぼ一貫して上昇を続け、2008年7月には147ドルの史上最高値を記録した。最高値直前には、米国のサブプライムローン（住宅債権）の破綻が発生、債券市場から石油先物市場に大量の資金が流入したといわれる。しかし、高値警戒感とその後のリーマンショック（2008年9月）とそれに伴う世界同時不況で、年末には40ドルの水準まで暴落した。

■2010年代の原油価格低迷

その後、2009年初から原油価格は徐々に回復したが、100ドル前後の水準まで再び押し上げたのは、「アラブの春」による緊張であった。2010年末から11年春にかけて、北アフリカ・中東一帯に「アラブの春」の嵐が吹き荒れ、1月にはチュニジアのベンアリ、2月にはリビアのカダフィ、3月にはエジプトのムバラクの各長期政権は退陣した。リビア・シリアでは内戦に発展、イラク・シリア国内では権力の空白地帯に「イスラム国」（ISIL）が出現するなど、アラブの春によって、中東情勢はにわかに流動化の様相を呈することとなった。2011年3月のバハレーンにおける民衆蜂起はサウジを中心とする湾岸協力機構（GCC）軍が鎮圧し、湾岸の王政（首長制）産油国への直接的波及は避けられた。

その後も、2014年夏頃までは、原油価格は100ドル前後の水準を推移したが、前述（第2章第3節）のとおり、シェールオイルの増産による需給緩和で、15年春には50ドル台と半減した。これを立て直したのは、17年からのOPECプラスによる協調減産であった。

3-4 サウジ国家戦略の転換「サウジ・ビジョン２０３０」

脱炭素の流れが、本格化・加速化する中で、国家全体が全面的に石油収入に依存する石油大国サウジアラビアが、どう生き残るか？

その答えは、ムハンマド皇太子が「サウジ・ビジョン２０３０」で提示した。当然、国家として石油に依存できなくなることで、国民生活から産業体制、国家財政、国家体制まで、全面的な見直しを余儀なくされた。

本節では、その状況を概説する。

ムハンマド皇太子の登場

２０１５年１月にサウジアラビア王国第7代国王に即位したサルマン国王は、同年4月、第7男のムハンマド国防相を副皇太子（当時29歳）に抜擢、経済関係閣僚を統括する経済開発諮問会議の議長に任命し、国内の経済・財政・社会改革に着手させた。２０１６年4月25日には、石油依存からの脱却を目標に、２０３０年を見据えた国家のあり方・方向性を示した「サウジアラビア・ビジョン２０３０」を閣議決定した。同ビジョンは、米コンサルタント会社マッキンゼーの報告書「石油後のサウジアラビア」をベースに、同社のアドバイスの下、経済開発諮問会議が検討し取りまとめたものである。

さらに、2017年8月からムハンマドは皇太子兼首相に昇格、王位継承順位第1位となり、高齢のサルマン国王（1935年生）に代わって、実質的な最高実力者となった。サルマン国王には、ムハンマド皇太子の上にも、アラブ初のNASA宇宙飛行士となったファイサル殿下やアブドルアジズ・エネルギー相など、優秀といわれる異母兄がいるが、国王は幼いころからムハンマド皇太子を特別にかわいがったという。ただ、サルマン国王は、リヤド州知事時代からイスラム教に敬虔で、子弟教育には熱心かつ厳しかったといわれる。

サウジの王位継承は、アブドルアジズ（イブン・サウド）初代国王が、「私の子孫に王位は継承される」と遺言しており、アラブ社会では一族の長の地位は兄弟で年長順に継承（長兄から次兄に）されることが通常であることから、37人といわれる初代国王の息子たちが年長者から順に兄から弟に受け継いで来た。そうなると、年を経るに従って、高齢で王位に就くことになる。前代のアブドラ国王の在位は80歳から90歳、サルマン国王も79歳で即位した。そのため、王位をどの時点で、第二世代（子）から第三世代（孫）に移すかが、大きな課題だった。

そこで、サルマン国王は、即位後、第二世代の異母弟ムクリン皇太子を廃位し、同腹の兄ナイフ元皇太子の息子で、行政手腕に定評のある、第三世代のムハンマド・ビン・ナイフ副皇太子を皇太子に昇格させて、第二世代に継承させることを決めた。ところが、2年後には再び皇太子を

サウド家の主要人物家系図

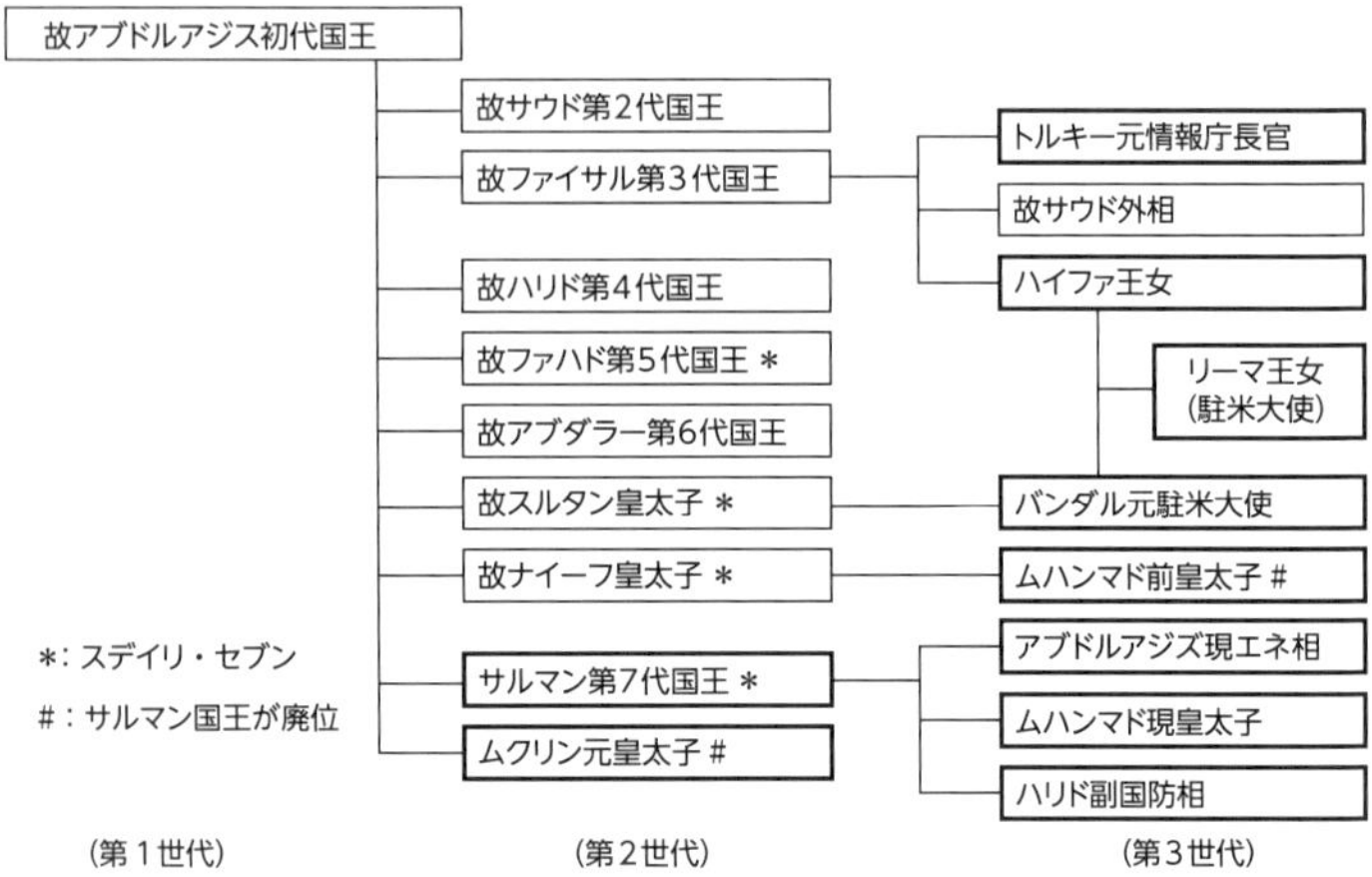

廃位、ムハンマド・ビン・サルマン副皇太子を皇太子とし、王位を継承させることとした（「ビン・サルマン」は「サルマンの息子」の意味）。サルマン国王は、初めから自分の息子のムハンマドに王位を継がせたいと考えていたと見る向きも多い。

■サウジ・ビジョン2030

さて、同ビジョンはまず、サウジが目指す国家の理念・目標として、①アラブ世界・イスラム世界の中心、②投資立国、③アジア・欧州・アフリカ3大陸のハブ、の3点の実現を掲げている。次に改革の内容として、①活力ある社会、②繁栄する社会、③野心的な国家、の3つの分野における改革項目が数値目標とともに明示された。

ビジョンの基本的な考え方は、経済・財政における石油依存からの脱却である。ムハンマド副皇太子（当時）は、ビジョン発表の記者会見で、「石油収入への依存は石油中毒で有害である」とし、「サウジの収入の源泉を原油から投資に変える」、非石油部門を振興させ、若者や女性の社会参画を図ることにより、「２０３０年には原油なしでも生き残る」と述べた。

ビジョン上で明記されているわけではないが、ビジョン実現のための財源として想定されているのは、国営石油会社アラムコの株式新規公開（ＩＰＯ）である（詳細は後述）。ムハンマド副皇太子によれば、アラムコ株式の５％未満の内外株式市場への上場を通じて、１０００億円規模の資金を調達するとともに、残りの資金は、本格的な政府ファンド（ＳＷＦ）に改組される「公共投資基金」（ＰＩＦ）に移管されるとしている。なお、公共投資基金は、２０１６年10月、孫正義氏率いるソフトバンクと１０００億ドル規模の投資基金「ビジョン・ファンド」設立で合意した。孫氏は、投資立国サウジアラビアの大きな一翼を担うわけである。

この種の経済改革計画は、これまでもサウジでは原油価格が低迷するたびに策定されてきたものの、原油価格回復により財政黒字になると忘れられていった。しかし、今回のビジョンは、短期的には原油価格暴落直後、長期的にも脱炭素政策の本格化という、過去に例がない厳しい状況下で危機感を持って策定され、数値目標を含めて内容に具体性がある。また、何より、ムハンマド皇太子がその実施責任者になっていることがこれまでと異なる。失敗は許されないということだろう。皇太子に政策失敗の責任を取らせるわけにはいかない。

同ビジョンも、原油価格の低迷を背景に、石油枯渇後の国家維持を目的とするものと説明され

サルマン国王とムハンマド皇太子の肖像画

（ダハラーン近郊2018年5月筆者撮影）

ビジョン2030の主な項目

沿革の分野	主な改革内容	数値目標の例 （現在⇒2030年）
① 活力ある社会	教育改革・社会保障改革 観光・文化事業：娯楽産業の振興	年間巡礼者数 （800万⇒3000万人） 平均寿命（74⇒80歳） 家計に占める文化・娯楽支出 （2.9⇒6%）
② 繁栄する社会	若者・女性の雇用促進 国営石油会社の改革 非石油産業の振興	失業率（11.6⇒7%） 女性の労働市場参加率 （22⇒30%） GDPに占める中小企業 （20⇒35%） 公共投資基金資産 （0.16⇒2.67兆ドル） GDPに占める民間部門 （40⇒65%） GDPに占める非石油輸出 （16⇒50%）
③ 野心的な国家	政府支出の合理化（補助金・公務員給与等削減） 規制緩和、情報開示推進	政府の非石油歳入 （434億⇒2670億ドル）

ることが多ったが、今回はそれ以上に、脱炭素が現実的課題となりつつある現在、脱炭素後の国家像を意識し脱炭素に備えて何をしておくべきか、考えないわけにはいかなかった点も従来の改革計画とは異なる。

▩国家変革計画（NTP）

ビジョン実現のための体制整備として、2016年5月7日には、大規模な省庁再編と内閣改造が行われた。その際、石油・鉱物資源省はエネルギー・工業・鉱物資源省に改組され、大臣も20年来OPEC（石油輸出国機構）の顔として活躍したナイミ氏から、保健相兼アラムコCEOのファリハ氏に交代した。

そして、6月6日には、ビジョン2030の内容を各省庁別に具体的な5カ年計画として、経済開発諮問会議で取りまとめた「国家変革計画」（National Transformation Program）が閣議決定された。

同計画の具体的数値目標としては、財政関連では非石油歳入の3倍増、公務員給与の削減（64億ドル）、水道・電気料金の引き上げ（30億ドル）、新規課税等、社会経済関係では、女性・若者を中心とする民間部門の雇用創出（45万人）、非石油輸出の倍増等、エネルギー関係では、原油生産能力の維持（1250万BD）、国内石油精製能力の増強（290万➡330万BD）、天然ガス生産能力の増強（120億➡178億立法フィート）、等が盛り込まれた。

■改革のアメとムチ

また、ビジョンには、財政緊縮や給付削減による負担増加の項目が並ぶが、代償としての「アメ」も用意されており、非石油部門の産業振興として観光や娯楽、映画・マンガ・ゲームなどのコンテンツ産業も対象とされている。最近では、男女が同席して風紀上好ましくないとされてきた映画館が解禁されたり、偶像崇拝につながるとされてきたフィギュア人形が解禁されたりした。さらに、2018年6月には、女性の社会進出に不可欠であるにもかかわらず、女性の一人歩きは好ましくないとして従来禁止されてきた女性の自動車運転も解禁された。

現時点では、ビジョン実施に遅れは見られるものの、大きな抵抗・反対はなく、進捗しているようである。その背景には、ムハンマド皇太子の若者を中心とする高い国民的人気が続いていることもあると思われる。宗教界といえども、国民的人気の高い皇太子を批判できないのであろう。

さらに、大きな抵抗が予想される国内改革を進めるためには、国王の権力基盤も強くなければ不可能である。その点、サルマン国王は王族内の最大派閥である「スデイリ・セブン」（スデイリ家のハッサ妃を母とする7王子、（第五代のファハド国王が長兄、兄弟の息子たちも政府や軍の幹部として活躍中の者が多い）の一人であり、王族内での存立基盤は強固である。しかも、リヤド州知事時代（1954〜2011年）から国民的人気が高く、プリンスから国民投票で国王を選ぶとすれば、サルマン知事であるといわれていた。

先代のアブドラ国王も、2011年春の「アラブの春」の湾岸産油国への波及を武力で抑え込んだ決断力のある国王であったが、出自の関係で王族内の存立基盤は必ずしも十分ではく、大胆な国家改革は難しかったであろう。

■アラムコ株式上場（IPO）構想

「ビジョン2030」の目玉とされるアラムコのIPO（Initial Public Offering、新規株式上場）構想は、このビジョンには明記されていない。ビジョン上、アラムコについては、「石油企業から複合的企業への変革」と「アラムコ変革計画の策定」について言及されているだけである。

しかし、IPO構想は、ムハンマド氏がビジョン発表に先立つ2016年1月、英経済（FT）紙に検討中であることを明かし、同年4月のビジョン決定閣議後の記者会見でIPO実施を明言した。

アラムコのIPOは、一般にビジョン実施に必要な資金を調達することが目的と報道されていたが、それにとどまらないものではないかと考えられる。すなわち、ムハンマド副皇太子がFT紙に対するインタビューなどで繰り返し、「サウジの富の源泉を原油から投資に変える」、「サウジは石油立国から投資立国に変わる」としている点である。そのために、ビジョンでは、既存の公共投資基金（PIF）を国家基金（SWF）化し、アラムコを含む国営会社を持ち株会社化するとしている。アラムコなど国営企業の上場益を投資資金に回し、運用益を確保しようとしているに違いない。

さらに、アラムコが2019年3月、石油化学大手のサウジ基礎産業公社（SABIC）を690億ドルで買収した代金もPIFに払い込まれ、アラムコの上場益もPIFに入っている。2019年8月からは、銀行家出身のPIFのルマイヤン総裁がアラムコ会長を兼務している。

■アラムコIPOの意味

結局、ムハンマド皇太子が考えているのは、IPOを通じてアラムコが保有する埋蔵原油を中心とする資産を現金化し、投資資金として運用することではないか。そうなると、IPOによる資金調達はビジョンにおける非石油部門への投資資金だけではなく、国家理念として目指す投資立国に向けた原資にするためと理解すべきだろう。

当初のIPO構想によると、アラムコ（企業価値2兆ドル）の株式の5％を国内外の取引所に上場し、1000億ドルを調達。これを仮に年利5％で回せれば、年間50億ドルの投資収益が期待できることになる。石油収入にははるかに及ばないが、少なくとも王族と宗教界を養うことは可能だろう。上場割合を上げていく、あるいは、上場する国営会社の対象を広げていき、投資収益＝レント（剰余価値、利子、不労所得）の拡大を図り、可能な限り「レンティア国家」を維持しようとしているように思われる。

同時に、埋蔵原油の現金化は地球温暖化対策の進展で、化石燃料の座礁資産化（無価値化）の回避策にもなる。産油国にとっては、膨大な埋蔵原油を残したまま、価値がなくなることは悪夢だろう。また、埋蔵原油を保有する国営石油会社の株式を国内外の投資家・金融機関に引き受けてもらうことはそうしたリスクを彼らとシェア・ヘッジすることにもなる。まさに、金融業界のＥＳＧ投資（環境・社会・企業統治を重視した投資）や「ダイベストメント」（投資引き上げ・撤退）の動きに対するアンチテーゼでもあった。

■アラムコIPOの実施

国営石油会社サウジアラムコ（表）は２０１９年12月11日、懸案の新規株式公開（ＩＰＯ）を果たした。

当初の構想とは異なり、サウジ国内のタダウル取引所への上場にとどまり、上場規模も発行済み株式の１・５％にとどまったが、資金調達額（２５６億ドル）と時価総額（１兆８８００億ドル）は史上最大を記録した。時価総額は、株価上昇により、上場２日目には目標の２兆ドルを上回った。売り出し対象も、サウジ居住者と湾岸各国の投資機関に限られ、サウジ国内では購入助成策が講じられるとともに、富裕層には事実上の強制購入が行われるなど官製市場と揶揄されているものの、まずまずの滑り出しになったといえよう。

アラムコＩＰＯでは海外市場への上場、上場比率の引き上げといった課題が残った。

■未来都市「NEOM」(ネオム)構想

アラムコIPOと並んで、ビジョン2030で注目されているのが、未来都市「NEOM」(ネオム)の建設構想である。

サウジ北西部タブーク州の紅海(アカバ湾)沿岸のヨルダン国境近い砂漠地帯に、5000億ドル(約75兆円)の巨額を投資、「ザ・ライン」と呼ばれる170キロメートル(東京・静岡間の距離に相当)に及ぶ壁のような超高層ビルを並べた未来都市(スマートシティ)を建設し、人間尊重・環境重視の都市、IT先端技術の一大集積地を作ろうとするものである。電力は太陽光と風力で100%賄い、グリーン水素も供給する。未開の北西部砂漠地帯の総合開発の起爆剤にするとともに、将来のイスラエルとの国交回復を視野に、ハイテク先端技術の導入開発を図ろうとしているともいわれている。

ただ、当初、2025年完成を目標としていたが、建設は遅延を続けている。

3-5 サウジ石油政策の転換

前節では、「サウジ・ビジョン2030」を中心に、脱炭素に伴うサウジ国家戦略の見直し・転換を概観したが、国家戦略自体を見直す以上、見直しは外交政策や石油政策にも及ぶ。外交政策の見直しについては前述（第2章第4節）したが、本節では石油政策の転換・見直しについて考えてみたい。

■OPECプラスの協調減産

OPECとロシア等非加盟主要産油国からなる「OPECプラス」結成はすでに述べた。ロシアとの協調の道を選んだことも、石油政策の一つの転換といえるだろう。

OPECプラスは、2017年年初から原油価格の回復を目指し、協調して減産を開始した。協調減産によって、需給は改善され、2017年半ばから原油価格は上昇、2018年10月にはWTI先物価格は76ドルまで回復した。2019年は、米国のイラン核合意離脱に伴う米国・イラン関係の緊張、5・6月のホルムズ海峡付近でのタンカー攻撃、9月のサウジアラビアの石油施設へのドローン・ミサイル攻撃など緊張の高まりがあったが、米中貿易摩擦の激化など世界経済の先行き不安といった下降要因もあり、50ドル／B台で推移した。

■アブドルアジズ・エネルギー相の就任

２０１９年9月、石油施設攻撃の１週間前、サウジでは、内閣改造があり、ハリファ氏の後任として、アブドルアジズ・ビン・サルマン殿下が新エネルギー相に就任した。石油施設攻撃は大臣就任初の難題だったが、まずは無難に乗り越えたといえる。

１９６０年生まれのアブドルアジズ殿下は、サルマン国王の第4男で、国王の第7男ムハンマド皇太子の異母兄にあたる。王族初の石油担当相だが、石油の世界では一定の評価を得ているプリンスである。ダハラーンのファハド国王石油鉱物資源大学（ＫＦＵＰＭ）の出身で、石油相顧問・石油省次官・石油副大臣などを歴任した。２０１７年からは、エネルギー担当国務相に就任。石油輸出国機構（ＯＰＥＣ）の会議には、常にサウジ代表団の一員として出席し、ＯＰＥＣでは長期戦略委員長として「ＯＰＥＣプラス」の方向性を打ち出している。

筆者もサウジ在勤中、石油相顧問（実質的には大臣補佐官）時代の殿下に何度かお目にかかったが、真面目な勉強家で、聞き上手との印象を受けた。石油省のビルの玄関先で、殿下を待ち構えた腰の曲がった老人の「直訴」を30分近くも、腰をかがめて聴いていた姿が印象に残る。サウジでは王族の重要な仕事だ。

日本との関係ではアブドルアジズ殿下は、２０００年のアラビア石油のカフジ油田利権延長交渉の責任者になるなどしているが、アラビア石油との交渉時、鉱山鉄道の敷設をめぐって交渉がまとまらなかった経緯がある。そのため、日本に対しては厳しく対応するのではないかと見る向きもある。ただ、アラビア石油の撤退以前は日本びいきだったことは間違いなく、皇太子時代の天皇陛下とは何度も面会され、親交を深められた。

従来、サウジの石油担当相はテクノクラート（官僚）が就任してきた。石油に関する一定の専門知識や経験が必要で、政策失敗の場合、その責任も問われる。王族では政策失敗時に首を切れない、さらに所管の利権が大きすぎるので特定の王族には任せられない、などの事情があったものと思われる。

ハリファ前エネルギー相の解任に当たっては、8月30日の段階で、サウジの省庁再編でエネルギー部門と産業（工業）・鉱業部門を再分離する「権限の縮小」があった。それに伴い、石油を担当する大臣の呼称は、「エネルギー産業鉱物資源相」から単なる「エネルギー相」になった。旧工業省所管の石油化学大手ＳＡＢＩＣが旧石油省所管のアラムコに経営統合され、再編は一段落したということかもしれない。

■コロナ禍への対応

話は、最近の国際石油情勢に戻る。２０２０年は年明けから、中国からの新型コロナウイルスによる肺炎の感染拡大で始まり、1月23日には感染源といわれる武漢が都市封鎖（ロックダウン）、その後、中国全土から、韓国、イタリア、ドイツ等世界各地に感染が広がった。1月末の段階でコロナ禍による石油需要の後退が認識され、OPECプラス閣僚監視委員会は2月6日、次回閣僚会議に協調減産の100万～150万BPDの追加減産を勧告することとしたが、3月6日のOPECプラス閣僚会議では、ロシアとサウジが減産を巡って対立、協議は決裂した。その結果、4月以降の減産は白紙の状態となり、OPECプラスは空中分解した。ムハンマド皇太子は減産拡大を説得すべくプーチン大統領に電話したが、電話には出なかったという。怒ったサウジは翌日、4月から現行970万BPDの生産水準を生産能力上限の1230万BPDまで260万BPD増産を行うと発表した。結束回復のため「増産カード」を切ったのであろう。WTI原油先物価格は3月5日の46ドルが週明け9日には31ドルに暴落した。

こうした動きに、従来、国内ガソリン価格の上昇を嫌い、OPECプラスの協調減産を批判してきたトランプ大統領は国内石油産業に配慮、態度を一変させ、3月半ば頃からサウジとロシアを仲介し、両国に大規模な減産の再開と原油価格維持を迫った。コロナ禍が深刻化する中、OPECプラスは4月12日緊急会合を開催し、5～6月に過去最大の970万BPDの減産を決議し、さらに年下期は770万BPDの減産、2021年1～4月は570万BPDの減産を合意した。従来、減産にはシェア割りによるプロラタ（均等割）しか応じなかったサウジが、他国を上回る減産に応じたことが注目された。需要減少への危機感の表れであり、同時に政策転換の一環であったと考えられるだろう。OPECプラスはコロナ禍の深刻化という未曽有の事態を前に路線対立を棚上げし、協調を回復した。しかも、各国の生産余力の欠如という状況もあり、減産は比較的順調に実施され、減産合意違反もほとんど見られなかった。

また、直近限月取引の納会日前日である4月20日にWTI先物原油価格が▲37・63ドルと史上初めてマイナス価格を記録した。市場は売り手だけで買い手がいない状態で、売り手が買い手に資金を出して原油を買い取ってもらうという異常事態であるが、あくまで原油価格の下落局面で、金融取引において、先物取引の制度的制約とWTI原油の特殊性があいまって発生した特異な事態であった。現実に取り引きされる現物取引（先渡しを含む）や実需への影響は限定的で、直後の22日の東京市場のドバイ原油スポット価格も13・00ドル／バレル（前営業日比8・60ドル安）であった。

世界的なパンデミック期の4～6月期の世界石油需要は経済活動の低下に伴い、8300万BPDと前年同期比16・6％減、うち欧州5カ国（英仏独伊西）の需要は同比27・2％減で、途上国需要は同比13・0％減と比較的軽かった。また、2020年通年で見た場合、世界石油需要は9170万BPD（前年比840万BPD減）にとどまり、2013年とほぼ同量、8年前の需要水準に戻った。前年比8・4％の減少は、史上初であった（IEA「石油市場報告」）。

その後、OPECプラスの減産効果もあり、20年秋頃からは経済活動の再開とともに原油価格は順調に回復、変異株の流行による経済停滞期の軟化は見られたものの、21年を通じ石油需要回復に伴って概ね上昇基調で推移した。OPECプラスはコロナ禍に伴う経済低迷を乗り切った。

■高価格志向への転換：長期相互依存の前提崩壊

世界的な地球温暖化対策・脱炭素政策の強化を背景に、カーボン・ニュートラル、脱炭素の動きの加速化によって、膨大な埋蔵資産の座礁資産化（資産が無価値になること）の懸念が高まるとともに、超長期の相互依存関係という安定供給志向の穏健な石油政策の前提が崩れたことから、化石燃料が価値を有する間に産油国が「稼げるだけ稼いでおきたい」と考えるのは当然であろう。

そのため、サウジは石油政策の大転換を行った。１９８５年のシェア回復宣言によるスイング・プロデューサー放棄以来、長年、自国の生産シェア維持のため、価格維持・回復のためであっても単独減産は拒否し、減産調整が必要な場合も、ＯＰＥＣベースでの減産負担の各国間でのプロラタ（均等割）分担しか応じてこなかった。１９９８年のアジア通貨危機に伴う原油価格暴落でも、２００８年秋からのリーマンショックに伴う暴落でもそうであった。しかし、２０２１年１月、ＯＰＥＣプラスの協調減産とは別に１００万ＢＤの自主追加減産を宣言し、これを実施した。実に、36年ぶりの政策転換である。脱炭素政策に伴い超長期のシェア確保戦略の意味が薄れ、目前の原油価格維持が優先されたのであろう。おそらく、その傾向は途上国の石油需要がピークを迎え、世界の石油需要が本格的に減少に転じるまでは変わらないであろう。

それは、サウジ以外の産油国も同様であろう。ＯＰＥＣは80年代以来、原油価格低迷期には協調して減産し価格回復を図るが、ある程度回復すると自国の石油収入増大を図るため、生産協定違反の増産（チーティング、抜け駆け増産）に走る加盟国が増える、そして、再び価格低迷に陥るという悪循環「ＯＰＥＣサイクル」を繰り返しがちであった。しかし、最近では原油価格が回復しても、違反増産に走る産油国はない。大多数の産油国が生産能力限界の生産で増産したくとも生産余力がないことも原因ではあるが、最大要因は、脱炭素に備えた産油国の意識・ビヘイビアーの変化であろう。

バイデン大統領が、米国内ガソリン価格の高騰を意識して、何度原油増産を要請しても、サウジ等の産油国が無視を続けるのも無理もない。脱炭素を目指す米国政府が、化石燃料の増産を要請するのは、産油国にとっては「噴飯物」であろう。大産油国であればあるほど、国家の石油収入への依存は大きく、脱炭素の打撃も大きい。日本政府を含め、先進国政府は、この点の配慮に欠けてきたように思う。産油国の「逆襲」かもしれない。

今後、先進消費国は、エルギー転換期・過渡期における国際石油市場における安定供給確保策について、再検討しておくべきだろう。特に、わが国は、原油輸入の80％近くをサウジとＵＡＥの二カ国に依存していることから、両国との今後の相互依存関係を考える必要がある。

脱炭素に向けた「両睨み」の国家経営

このように、世界的にカーボン・ニュートラル、脱炭素への取り組みが本格化し、石油時代の「終わりの始まり」が唱えられる中、サウジアラビアも石油依存からの脱却を図り、非石油部門の振興を図るため、国家戦略・政策全般にわたり、従来の戦略・政策からの転換に着手していることは確かである。

すでに、エネルギー政策においても、自国の優位性を活かし太陽光を中心とする再生可能エネルギーの開発・活用を図るとともに、積極的にCO_2を排出しないクリーンな石油・ガスの改質とCCSの組み合わせによる「ブルー水素」や再エネを用いた電気分解による「グリーン水素」の実用化に取り組んでおり、脱炭素に備えている。特に、サウジの場合、水素の貯蔵・輸送手段として取り扱いの難しい水素に替えてアンモニアによる貯蔵・輸送を模索しており、わが国への大量・安価な輸入を含めて、その実用化が期待されている。

しかし、こうした取り組みは重要ではあるが、石油大国サウジアラビアにとっては、脱炭素時代に向けた「保険」であり、やはり本音の部分では石油時代の一日でも長い継続、脱炭素の先送りを望んでいることは間違いない。それは、COP28ドバイ会議での化石燃料の「段階的廃止」(Phaseout)の文言に反対し続けた姿勢からも明らかである。

最近、世界的に有識者や専門家から、「産油国やメジャー石油会社が自信を取り戻しつつある」といった見解が出てきている。すなわち、各国政府のカーボン・ニュートラル宣言が相次ぎ、一気に脱炭素への国際的機運が高まった時期、化石燃料供給の自信を喪失していた彼らが、ウクライナ戦争以降の状況の中で、脱炭素実現の難しさや新規技術開発の必要性、時間を要することが認識され、脱炭素実現後を含めて、化石燃料供給継続の重要性が再認識され、自信を取り戻したというのである。まだまだ当分の間、「自分たちの出番はある」ということだろう。サウジ・ビジョン2030の実施が遅れ気味なのも、そうした事情があるのかもしれない。

また、UAE・サウジ・カタール・クウェートといった脱炭素の対応準備のある豊かな産油国とイラン・イラク・リビア・アルジェリアといったその準備が遅れている貧しい産油国の二極分化も気になる現象である。

その意味では、国家戦略・政策の転換を含めて、サウジは、脱炭素に向け、「両睨み」の国家経営を目指しているのではないだろうか。

3-6 イスラエルとハマスの軍事紛争

本書の執筆中、イスラエルとハマスの軍事衝突が起こった。従来、パレスチナ情勢の緊張は、国際石油情勢・原油価格にはほとんど影響しなかった。ただ、今回は状況が違い、産油国への「飛び火」が懸念される状況である。地政学的に大きな影響が出る可能性も否定できない。

本節では、どのように状況が違うのか、どのような影響が考えられるか、急遽加筆、検討しておきたい。

ハマスの侵攻とイスラエルの報復

2023年10月7日、パレスチナ・ガザ地区を実効支配するイスラム原理主義武装組織「ハマス」が、突如、イスラエルをロケット砲攻撃、越境し、戦闘員をコンサート会場に侵入させ、イスラエル側の聴衆130人以上を人質として拉致した。すぐさまイスラエルは報復反撃、さらに10月13日にはハマス壊滅・排除を目指してガザ地区に逆侵攻、地上戦の戦闘で民間人を含む多数の犠牲者・難民が発生し、食料・医療品等の物資不足、衛生環境の悪化など、人道危機を招いた。24年1月末時点で戦闘は継続、長期化が懸念されている。ハマス側も、イスラエルの過剰防衛は想定外だったのかもしれない。

　ハマスは、エジプトで生まれた「ムスリム同胞団」のガザ支部が１９８７年に独立、教育や医療、貧困救済など社会活動を通じ、民衆の支持を拡大したイスラム原理主義集団（スンナ派）で、その後武装化し、①武力によるイスラエル打倒、②パレスチナにおけるイスラム国家樹立を目標に、中東和平には反対している。２００６年のパレスチナ評議会選挙を機に、ヨルダン川西岸地区で自治政府を率いるパレスチナ解放戦線（ＰＬＯ）主流派「ファタハ」とは袂を分かち、翌07年にガザ地区を武力制圧し、現在に至っている。

　第四次中東戦争に伴う第一次石油危機（１９７３年10月）を最後に、この50年間、パレスチナで武力衝突はあっても、国際石油市場はパレスチナ情勢にはあまり反応してこなかった。その影響が産油国に波及したためしがないからだ。今回もニューヨーク先物原油は、衝突直後には３・５ドル、地上侵攻観測直後には５ドル急騰したが、11月初めには衝突前水準まで戻っている。ただ、今回の衝突については、①第四次中東戦争以来の大規模な軍事衝突であったこと、②侵攻にイランの関与・協力があったと見られること、③アラブ諸国のイスラエル国交回復への反発・見捨てられるとの危機感、特にサウジとイスラエルの接近の阻止が動機になっていると見られることから、従来以上に、産油国への波及が懸念されていることは間違いない。

　特に、ハマスによる軍事侵攻があった10月７日は、パレスチナとアラブ産油国との連帯が世界に示された第四次中東戦争の開戦50周年にあたり、これを意識したものと見られる。

■イランの影

今回の軍衝突に、イランの影がちらつくことも、懸念される。ハマスのイスラエル侵攻に当たっては、イランが軍事的アドバイスを行っていたとの米国筋情報があるばかりでなく、イエメンを実効支配するシーア派武装組織「フーシ派」やレバノンのシーア派武装組織「ヒズボラ」をけしかけて、紛争の拡大を図っているとしか考えられない。イランによるサウジ包囲網である「シーア派の三日月」の南端にイエメンのフーシ派が、東端にレバノンのヒズボラが位置する。

フーシ派は、親イラン組織としてイランからミサイルやドローンの供与など軍事支援を受けており、2019年9月にはサウジ石油施設へのミサイル・ドローン攻撃の際には、イランに代わって犯行声明を出している。今回もハマスを支援するとして、紅海を航行するイスラエル関連の商船・タンカーを攻撃・拿捕しており、石油関連ではBPとシェルがタンカーの紅海航行を回避、アフリカ南端の喜望峰に迂回、本邦船会社の日本郵船・商船三井などもこれに倣っている。イエメンは、紅海入り口のバブ・エル・マンデブ海峡に面しており、欧州への短縮航路であるスエズ運河を通行するためにはこの海峡を通らざるを得ない。湾岸産油国国から欧州向けの航海の場合、喜望峰回りだと航海日数は1週間余分にかかる。供給不安と供給遅延で原油価格の上昇要因となっている。国際的には、バブ・エル・マンデブ海峡もホルムズ海峡と並ぶ、石油輸送のチョークポイント（隘路）である。日本にとっては、機械・自動車等の欧州向け輸出の重要な輸送路である。

また、レバノンのヒズボラも、シーア派の親イラン組織としてイラン革命防衛隊と連携、イラン支援の下、イスラエル北部に攻撃をかけ、緊張を高めている。

■アラブ諸国の対イスラエル接近「アブラハム合意」

ハマスの侵攻の動機として、最も重要と考えられるのは、近年のアラブ諸国の対イスラエル国交回復・接近であり、パレスチナの「大義」、自らの存在が忘れられているのではないかという危機感であろう。

長年、アラブ諸国でイスラエルと国交があったのは、エジプト（1979年〜）とヨルダン（1994年〜）だけであったが、2020年8月に至り、トランプ大統領の仲介でイスラエルとアラブ首長国連邦（UAE）は平和条約を締結した。内容は、①両国は国交を回復するとともに、②イスラエルはヨルダン川西岸地区の併合を保留、③UAEは占領地の主要部分のイスラエルの領有を承認するというもので、その後、9月にはバハレーン、10月にはスーダン、12月にはモロッコが、同様の合意を行った。これら一連の合意をユダヤ民族・アラブ民族の共通の父祖アブラハムに因んで「アブラハム合意」という。各国の国交回復の背景には、①核開発疑惑などイランの脅威への対応、②イスラエルの先端技術へのアクセス確保の必要性、といった要因があるといわれ、背景には中東における地政学的な中心的対立軸がアラブ対ユダヤから、アラブ対ペルシャ（イラン）に完全に転換してしまったことが指摘できる。それだけに、パレスチナには危機感が高まっていたのであろう。また、「対立軸」からみれば、今回の衝突は2つの対立軸がオーバーラップ、絡み合っている点が、問題解決を難しくしており、湾岸産油国への波及の懸念を大きくしているといえる。

■サウジアラビアとパレスチナ

そうした中、2020年11月には、イスラエルのネタニヤフ首相がサウジを訪問、ムハンマド皇太子との国交回復に向けた秘密会談が行われた。その後、米国仲介による交渉が進み、23年秋には、イスラエル・サウジ双方から、国交回復は近いとの示唆発言があり、両国の国交回復は「時間の問題」との見方も出ていた。今回の侵攻は、紛争の拡大によって、サウジの国交回復を阻止したいとの意図があったといわれている。

ただ、筆者の見通しとしては、両国の国交回復はまだまだ先だと考えている。その根拠として、サルマン国王は長年、王族内でパレスチナ問題を属人的に担当してきたといわれており、リヤド州知事時代にはパレスチナ支援の発言や募金を行い、それが国民的人気の一つの要素であったと思われる。したがって、イスラエル・サウジの国交回復の実現は、ムハンマド皇太子が王位継承後の話ではないだろうか。

三大宗教の聖地エルサレム　岩のドームと嘆きの壁

（1991年4月筆者撮影）

また、筆者がサウジに勤務していた30年余り前には、パレスチナ難民出身の帰化サウジ人の官僚・実業家も多かった。アラムコにも元パレスチナ人が何人もいた。石油省でいえば、ダハラーン駐在の財務担当次官が元パレスチナ人であったし、次官補経済局長から石油相顧問に退いた人も元パレスチナ人であった。余談ではあるが、この石油相顧問はエルサレムの名門一族の出身で、名前はファルーク・フセイニーといい、イスラエルの建国でサウジに逃れたという。頭の中には、石油危機以前からの石油需給の数字がびっしり入っており、そのときの状況もスラスラと話してくれた。振り返ってみれば、筆者は石油需給の見方・考え方、ＯＰＥＣにおける意思決定など石油の基本を彼に教わった。アラブ服の正装の風貌はまるで映画「スターウォーズ」のオビ＝ワン・ケノービそっくりであったが、２０１０年代初め亡くなったと聞いた。

第四次中東戦争時の石油戦略発動の頃には、彼らはバリバリの現役であったのだろう。いまや、その二世たちも現役を引退する頃だ。その意味では、そろそろサウジもイスラエルと国交回復の時期なのかもしれない。

調停国カタールの全方位外交

今回の軍事衝突に伴い、米国とともにイスラエルとハマスの停戦に向けた調停に当たっているのが、ユニークな全方位外交を進めるカタールである。10月末には、一時的戦闘停止が実現したものの、その後は大きな進展はない。

カタールは、アラビア半島中央部のペルシャ湾に突き出した半島部分にある首長国（秋田県よりやや小さい面積）で、第一次世界大戦後英国保護領となり、1971年に独立した。首長は、サウジ中央部のネジド地方から19世紀に移住した豪族サーニ家が世襲している。カタールは、天然ガスの埋蔵量の約15％を占め、ロシア、イランに次ぐ第3位のガス埋蔵国、液化天然ガス（LNG）の世界最大の輸出国で、産ガス国としての存在感が大きい。わが国の輸入先としては、2021年以前は毎年2～3位で、シェアも10％強であったが、長期契約の失効で半減。約5％に減少している。北方の海上ガス田はイランに続いていることから、イランとは宥和政策を取っており、湾岸諸国では親イランである。そのため、サウジがイランとの国交を断絶した直後の2017年から2023年の間、親イラン的過ぎるとして、サウジ・UAE・エジプト・バーレー

サッカーW杯を前にしたカタールの首都ドーハ

（2014年2月筆者撮影）

ンと国交断絶・経済制裁を受けた。長年ＯＰＥＣ加盟国であったが、サウジとの対立から２０１８年末脱退した。

また、従来からカタールはエジプトの「ムスリム同胞団」、パレスチナの「ハマス」、レバノンの「ヒズボラ」等の組織に対しても、アラブの「抵抗運動」であるとして、資金援助や連絡拠点の提供など支援してきた。カタールはハマスの一大スポンサーなのである。これら組織を「テロ集団」であるとするサウジ・ＵＡＥ・エジプト等は、カタールの支援が周辺諸国の国内緊張を高めていると批判しており、こうした支援はカタールにとってだけの「保険」、あるいはヤクザに対する「みかじめ料」ではないかとする見方もある。

さらに、１９９５年には、アル・ウデイド空軍基地にサウジから撤退した米空軍を受け入れるとともに、米海兵隊旅団規模の装備を事前集積する

世界の代表的なチョークポイント

出所：『週刊ダイヤモンド』2023年10月21日号をもとに作成

など、米国の中東最大の軍事拠点を提供した。また、１９９６年から２００９年の間、アラブ圏では唯一のイスラエル通商代表部を設置していた。

このように全方位外交により、ハマス、イラン、イスラエル、米国と「等距離」で交渉しうるカタールは、この紛争の調停役・仲介役として、適任なのかもしれない。カタールの尽力に期待したい。

■ホルムズ海峡「チョークポイント」

今回の軍事衝突で、国際背油市場への影響として、最も懸念されるのは、ホルムズ海峡への「飛び火」である。すでに、インド洋側のオマーン湾では、24年1月にイランが米国運航のタンカーを拿捕する事件が起こっている。

ホルムズ海峡は、インド洋（オマーン湾）とペルシャ湾をつなぎ、イランとオマーン（飛び地）に面した世界最大の石油輸送の戦略的要衝で、最

わが国の国別原油輸入量（2022年）

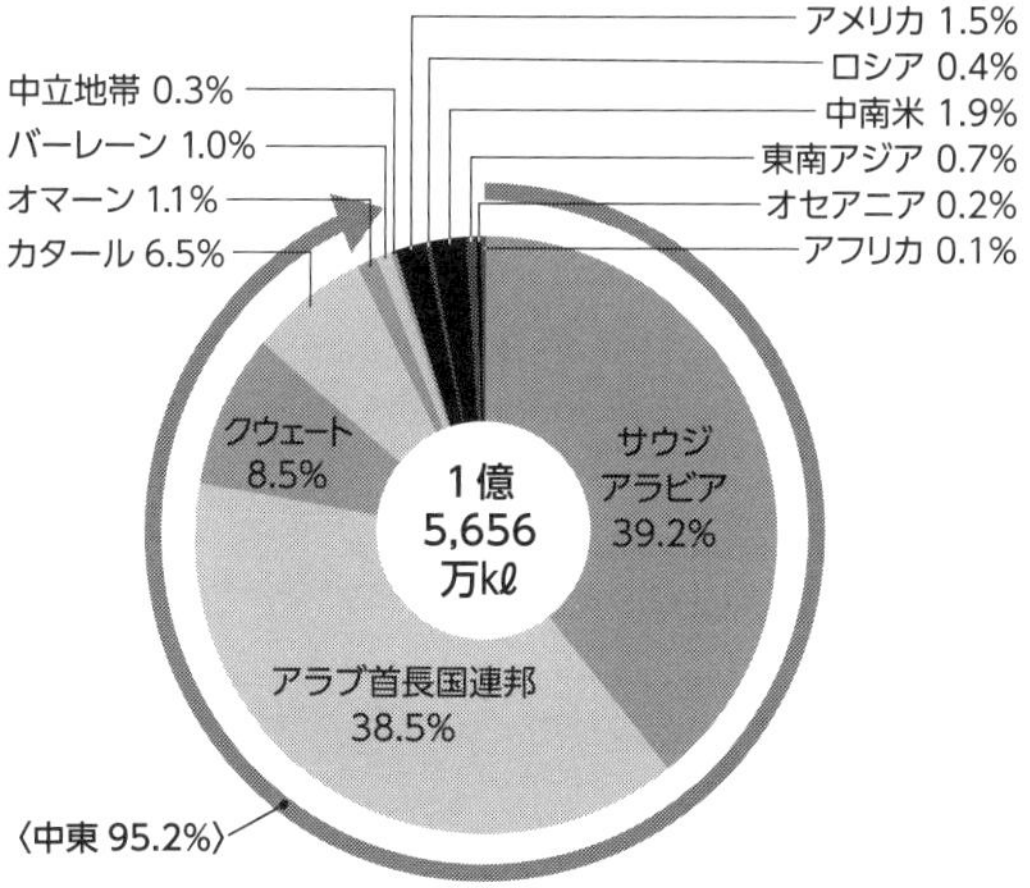

出所：経済産業省「資源・エネルギー統計」

狭部は34ＫＭ、潮流が速いという地理的条件にある。石油の輸送量は２１００万バレル／日で、世界の石油需要の約２割、石油貿易の約４割が通過し（ＥＩＡ、米国エネルギー情報局）、わが国の原油の約80％が通航している。

封鎖を行えば米軍が介入することが明らかであることから、イスラム体制の維持に係わるといった余程の重大な事態がない限り、イラン政府による封鎖は考えられないが、偶発的事象に起因する航行の阻害、軍事的衝突の可能性は否定できない。

ホルムズ海峡に火が付けば、原油価格は暴騰することは間違いない。しかし、今回、イランがホルムズ海峡に手を出すことはまず考えられない。イラン自身の存亡に係わるならともかく、他国支援にそこまではしない。今日、ホルムズ封鎖で困るのは、日本・韓国・台湾といった米国友好国より、むしろ、中国・インド等グローバルサウスのイラン自身の友好国だ。その意味で、封鎖実施のハードルは昔より格段に上がっている。それに、イランは米国による経済制裁解除、特に原油輸出解禁を待望しており、口先はともかく、米国を過剰に刺激することはないだろう。

いずれにせよ、ホルムズ海峡が、世界の石油輸送上の最大の隘路（チョークポイント）であり、地政学的要衝であることは間違いない。

第4章

脱炭素の影

「２０２０年代に、エネルギーシステムにおける化石燃料からの移行を加速する」

（ＣＯＰ２８成果文書、環境省仮訳）

4-1 地球温暖化対策の取り組み

地球温暖化対策の国際的取り組みの契機、また、ウクライナ戦争による温暖化対策の変容・懸念については、東西冷戦終結や世界の分断との関係ですでに述べた（第1章第3節）。

本節では、地球温暖化対策の取り組みについて、国際的取り組みの歩みを中心に、地球温暖化のメカニズム・現状、パリ協定等についても概説する。

地球沸騰化の時代

世界気象機関（ＷＭＯ）は、「２０２３年７月が史上最も暑い月になるのは確実である」と発表した。これを受けて、７月27日、アントニオ・グテーレス国連事務総長は「地球温暖化の時代は終わり、地球沸騰化の時代が到来した」として危機感を示し、各国政府に気候変動対策の抜本的強化を訴えた。

確かに近年、世界各地で熱波、干ばつ、豪雨など気象災害が頻発し、それに伴い、死者はもちろん飢餓・貧困による難民、森林火災、洪水・浸水被害も多発している。極地における雪氷の減少、氷河の後退、また、海面の上昇、海水温の上昇、海流の変化も問題になっている。さらに、それらに伴う生物の生息域の変化も問題であろう。それらは、農林水産業にも大きな影響を及ぼす。気象庁によれば、異常気象とは「30年に一度の頻度で発生する特異な気象現象」だから、恒常的に発生する気象現象では、もはや「異常気象」とはいえない。

地球温暖化が、そうした気象災害のすべての原因であるなどというつもりはないが、大きく影響していることは間違いないのだろう。また、従来は将来の温暖化被害の不確実性が温暖化対策の障害ともなってきたが、こうした最近の被害の顕在化は、理屈抜きで対策強化を迫っているように感じる。非論理的ではあるが、体感に勝るものはない。

■温暖化のメカニズム「GHG原因説」

一般に地球温暖化とは、化石燃料の消費に伴う大気圏内のCO_2を中心とする温室効果ガスの増加によって、産業革命（工業化）以前の太陽熱の吸収量と大気圏外への放出量の均衡が崩れ、吸収量が増加し、地球上の平均気温が上昇することをいう。

その因果関係は科学的に100％証明されているわけではなく、あくまでも学説・仮説ではあるが、観測結果の蓄積から大気中のCO_2濃度と気温上昇には強い相関関係が見られること、また、過去に化石燃料産業が莫大な研究費を提供しても、有効な反証は提示できなかったことからも、この仮説は科学的には正しいものと考えざるを得ない。いわば、「状況証拠」から見て、CO_2等の温室効果ガス（GHG）が地球温暖化の原因と断定されるのである。

地球温暖化の原因

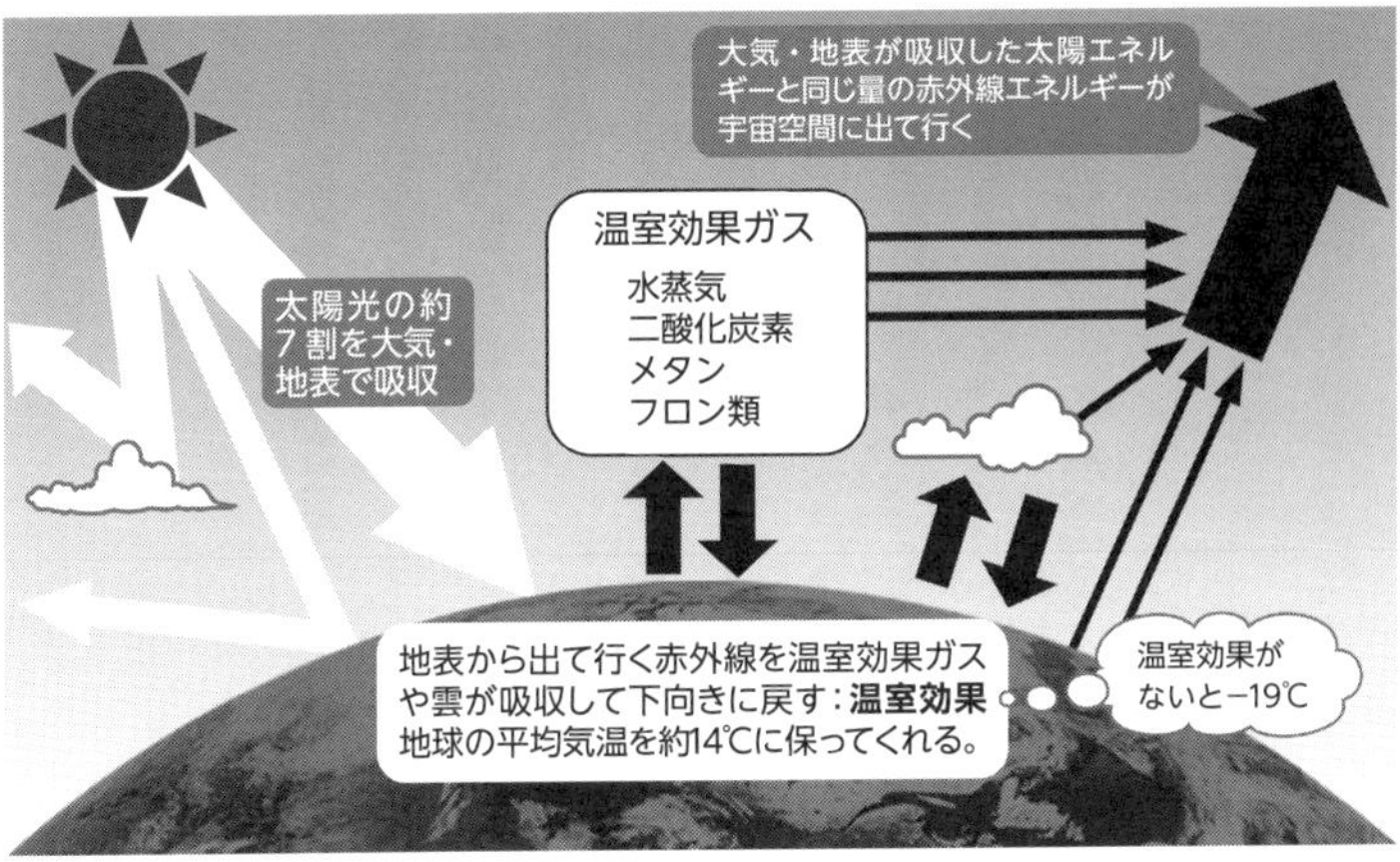
大気・地表が吸収した太陽エネルギーと同じ量の赤外線エネルギーが宇宙空間に出て行く
温室効果ガス
水蒸気
二酸化炭素
メタン
フロン類
太陽光の約7割を大気・地表で吸収
地表から出て行く赤外線を温室効果ガスや雲が吸収して下向きに戻す：**温室効果**
地球の平均気温を約14℃に保ってくれる。
温室効果がないと−19℃

出所：気象庁HP

なお、2021年にノーベル物理学賞を受賞した日系アメリカ人、眞鍋淑郎博士は、1960年代からコンピュータによる気候のシミュレーションモデルを開発、地球温暖化のメカニズムを研究、1967年、「大気中CO_2濃度が300PPMから600PPMに増えると、地球の平均気温は2・3℃上昇する」との予測を発表した。この研究が受賞対象となったが、この仮説の正しさが世界から認められたといえる。

さらに、リスク管理の観点からも、温暖化対策は重要である。一般に、リスクの大きさは、ある事象発生の影響の大きさとその事象発生の頻度・可能性の積で表される。地球温暖化の場合、現実化した場合の影響は甚大で、かつ、その蓋然性は極めて高い。したがって、CO_2排出削減を中心とする地球温暖化対策は有効、必要不可欠であり、急務であろう。

気温上昇とCO_2濃度の相関関係

世界の年平均気温の変化（基準値は 1981-2010 の 30 年平均値）

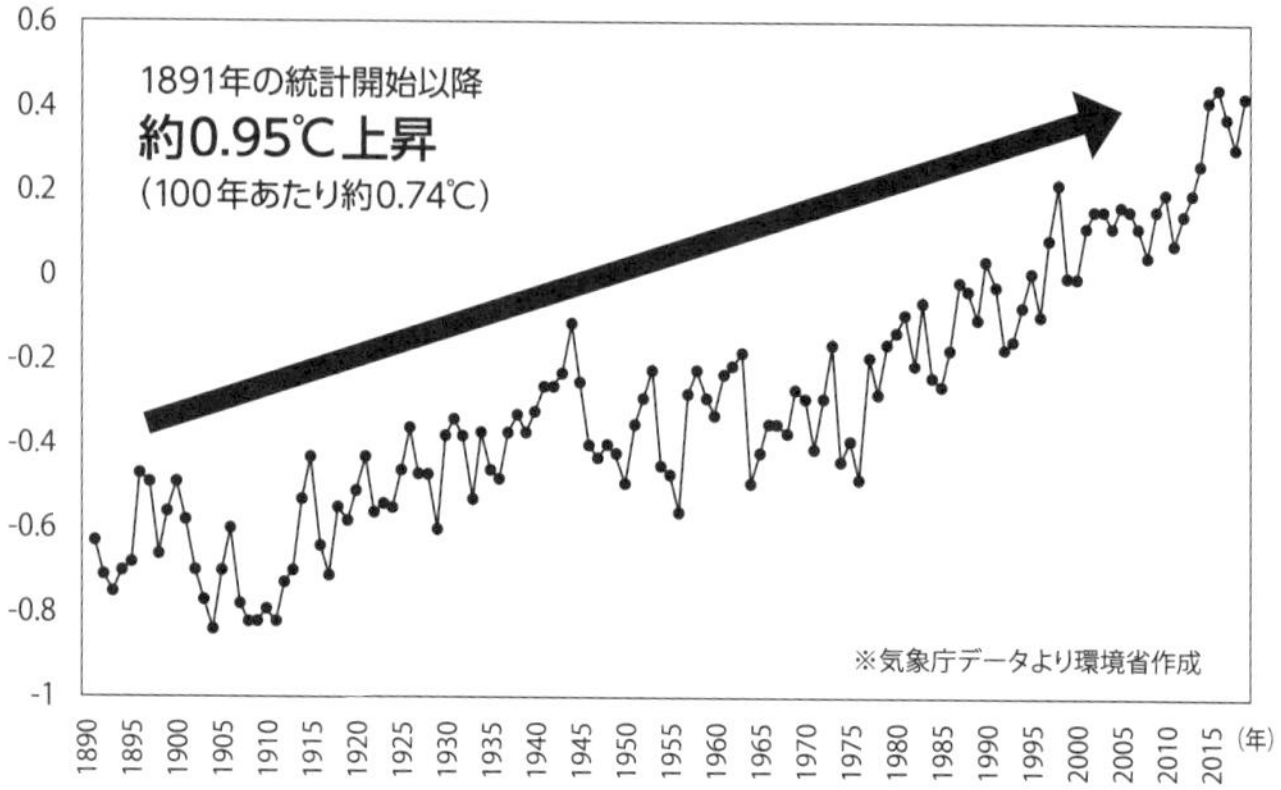

全大気平均 CO_2 濃度

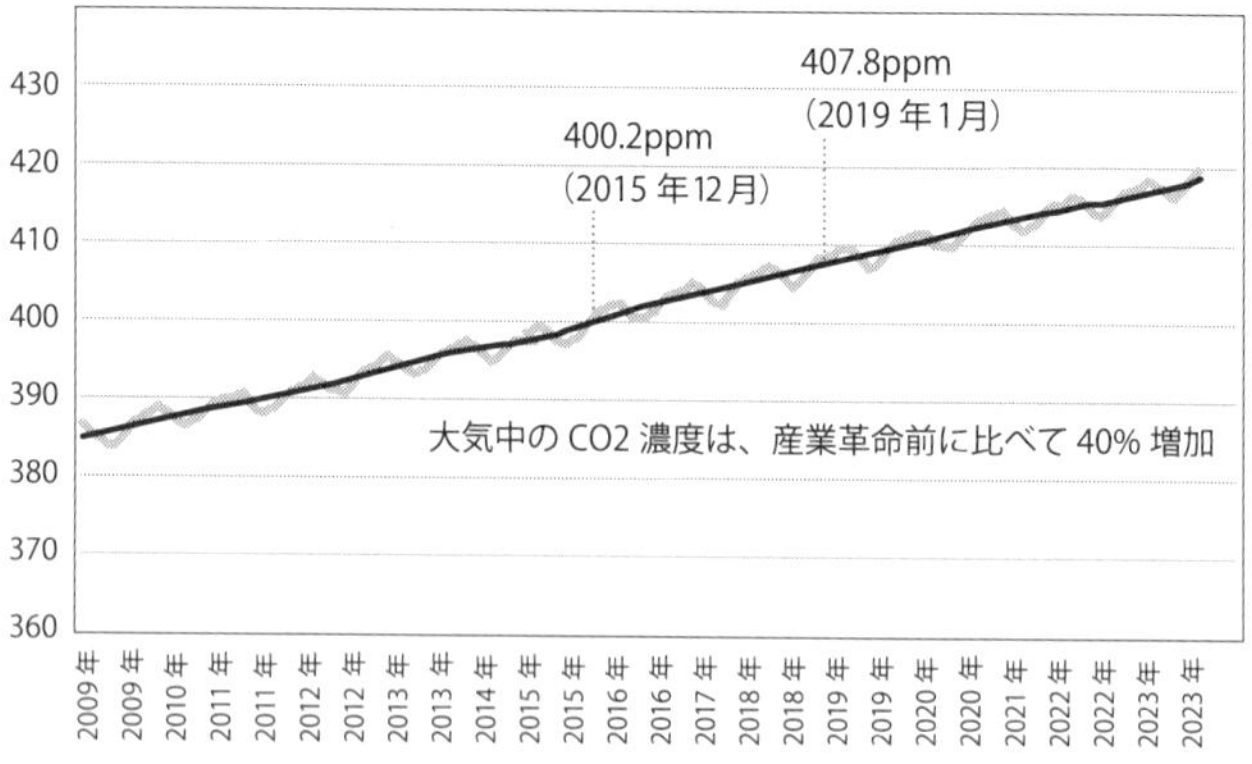

出所：環境省HP

■IPCC第6次報告

こうした地球温暖化の科学的知見を収集、評価し、世界各国政府に提供することを目的に、1988年、世界気象機関（WMO）と国連環境計画（UNEP）によって、「気候変動に関する政府間パネル」（IPCC）が設立された。IPCCは、世界各国の科学者・専門家約3000人弱で構成されるネットワーク組織で、設立以来概ね5年ごとに、①自然科学的根拠、②気候変動の影響、③CO_2排出削減等の対策（緩和策）の3分野について、評価報告書を発表している。

その最新報告書は、2023年3月に発表された「第6次統合報告書」（なお、3分野の分科会報告は2021年8月から順次報告済み）であるが、主な要旨として、次の4点が指摘されている。いずれも重要な警告である。

①人間の影響が大気、海洋および陸域を温暖化させたことは疑う余地がない。
②すでに、産業革命前に比べ地球上の気温は、1・1℃上昇した。
③今後10～20年で、気温上昇は1・5℃に到達の恐れがある。
④回避には、2035年に2019年比60％の排出削減が必要である。

一般に「人間の影響」とは、「化石燃料の消費に伴うCO_2等のGHGの排出増加」を指すものと理解されており、報道等でもそういわれているが、報告書の文言上、「CO_2等GHGの排出増加が温暖化の原因」との断定は慎重に避けられている。科学的知見の評価報告書であるから、そうなるのであろう。

なお、地球上の気温上昇とその影響を、日本国内では「地球温暖化」(Grovel Warming)ということが多いが、国際的には「気候変動」(Climate Change)というのが一般的である。地球上の平均気温上昇の影響は場所によっては気温低下となって現れるなど、その影響を幅広く捉えるためだといわれている。

■温暖化懐疑論と反証

ところで、ドナルド・トランプ米国前大統領は、「地球温暖化はフェイクニュース」、「温暖化対策は米国経済を弱体化させるだけだ」といって憚らない。そんな政治家が、退任後も「岩盤支持層」による一定の支持率を維持し、2024年の大統領選の共和党の最有力候補となっている。

こうした地球温暖化に対する懐疑論としては、概ね3つのタイプがあるように思われる。すなわち、①温暖化の事実を認めない、②温暖化の進行を歓迎する、③温暖化の原因はGHG以外にある、の3つである。①はある意味、宗教的信念なのかもしれない、また、②はプーチン大統領のように極地開発に有利であるとか、農作物増産に有利であるなどという主張もある、③としてよくいわれるのは、太陽の黒点活動の影響、都市化によるヒートアイランド現象の影響などを理由とする説である。しかし、前述のとおり、どれも、「GHG原因説」の有効な反証とはなっていない。やはり、温暖化の原因はCO_2を中心とするGHGであると考えざるを得ない。

■国際的取り組みの進展

温暖化対策に関する国際的な取り組みは、1990年代から始まったと前述したが、その第一歩は1992年5月の国連総会で採択された「国際連合気候変動枠組条約」(UNFCCC：United Nations Framework Convention on Climate Change)である。同条約は、GHG濃度安定化(増加防止)を目的に、気候変動(温暖化)対策の取り組みの枠組み、考え方や方向性などの基本的事項を合意したものだが、各国の具体的な削減義務や規制を定めたものではなかった。ただ、GHGとして、二酸化炭素(CO_2)やメタン(CH_4)など7種類のガスが定められた。同条約は、同年6月リオデジャネイロで開催された、国連加盟各国首脳級のブラジル「国連環境開発会議」(UNCED、通称リオ地球サミット)で、首脳間の議論を深めるとともに、同条約への署名が開放された。

これを受けて、GHGの排出削減義務を含む具体的取り組みは、京都で開催された、1997年12月の「気候変動枠組条約第3回締約国会議」(COP3京都会議、Conference of Parties)で合意された「京都議定書」(Kyoto Protocol)で定められた。同議定書は、先進国のGHG削減義務(平均5%)を定めた国際条約で、2008～12年(第1約束期間)における国別削減義務(日本6％、米国7％、欧州8％のボトムダウンを規定しているが、2005年の発効まで、8年の時間を要した。しかし、同議定書には、途上国に削減義務はなく、中国・インド等の排出増加を招くとともに、米国・豪州は議会の反対で批准できず離脱、結果的に日欧のみに削減義務がかかることになり、不公平で実効性を欠く国際条約であったと評価された。

■パリ協定の到達点

取り組みの大きな前進は、2015年12月の「気候変動枠組条約第21回締約国会議」（COP21パリ会議）で見られた。COP21で合意された「パリ協定」（Paris Agreement）では、①気温上昇を工業化前と比べ2℃以内に抑制する目標（さらに可能ならば1.5℃以内に抑制する努力目標）を定め、②法的に削減義務はないが、策定・提出義務はある「国別自主目標」（NDC：Nationally Determined Contribution）の積み上げ（ボトムアップ）によって排出削減を図り、③5年ごとに各国の対策の進捗状況をレビュー（Global Stock Take）と改訂することで削減の実効性を担保することなどに合意した。あわせて、京都議定書の教訓を踏まえ、自主目標の積み上げを基本にすることで、④途上国を含めた参加を確保するとともに、⑤先進国の途上国支援を行うこと等を決めた。さらに、2℃目標実現のために「今世紀後半のカーボン・ニュートラル実現」が明記されたことが注目された。パリ協定は、2016年11月には早くも発効した。

他方、IPCCは、2018年10月、「1.5℃特別報告書」を発表、気温上昇はパリ協定の2℃

目標より、努力目標である1・5℃以内に抑制することがより望ましく、そのためには遅くとも2050年までに実質排出ゼロにする必要があると提唱、その後の各国政府による「2050年カーボン・ニュートラル実現」のコミットメントを方向付けた。2019年12月には、欧州連合(EU)が、「グリーン・ディール」として、2050年カーボン・ニュートラルを前提に、再生可能エネルギーやEVの導入促進等を内容とする総合的な気候変動対策を発表した。その後、先進国を中心に、実現目標時期は遅れるものの途上国を含めて、各国政府は次々と「2050年カーボン・ニュートラル実現」を宣言した。

4-2 カーボン・ニュートラル（炭素中立・実質排出ゼロ）

最近、ニュースなどで「カーボン・ニュートラル」の文字を見ない日はない。わが国でも、2020年10月の菅総理（当時）発言でその取り組みは加速化、現実の課題となった。ただ、そのわりには、カーボン・ニュートラルの意味・根拠・達成手段等を正確に理解している人は少ないように感じられる。本節では、それらの諸点を概説しておきたい。

■カーボン・ニュートラルとは

わが国においては、2020年10月の国会における菅総理の「2050年カーボン・ニュートラル実現」宣言を契機に、一挙に脱炭素（CO_2排出削減）への取り組みが本格化、加速化した感がある。

カーボン・ニュートラルとは、「温室効果ガスの排出量と吸収量を均衡させること」（環境省HP）と定義されている。すなわち、地球温暖化の原因とされている化石燃料（石炭・石油・天然ガス）の消費（燃焼）によるCO_2を中心とする温室効果ガス（GHG）の排出を可能な限り削減した上で、どうしても化石燃料等の排出が残る部分は、その排出量については森林の光合成や、

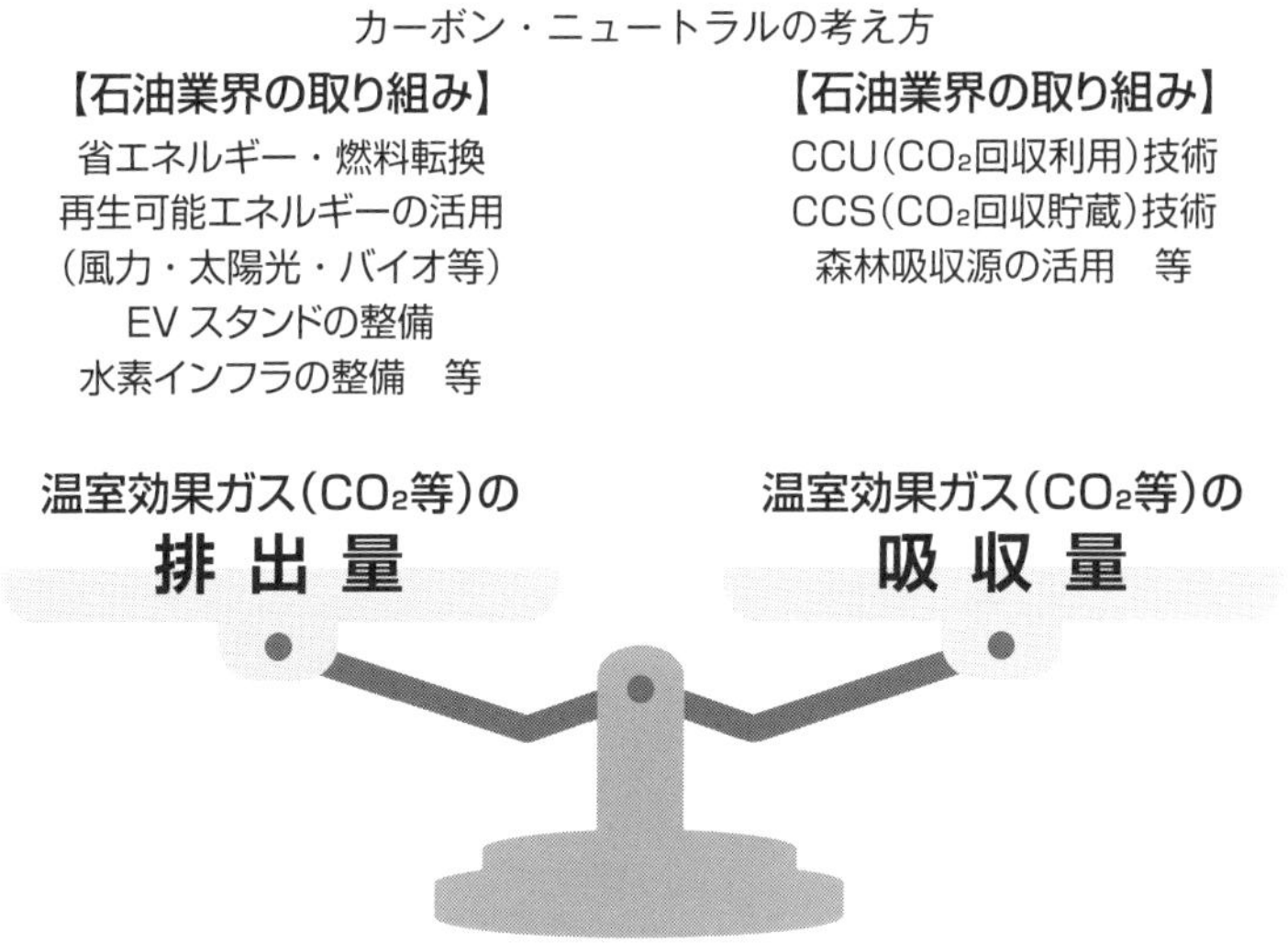

CCS（CO_2回収貯留、CO_2 Capture & Storage、発電所・工場等で排出されたCO_2を回収し地下に封じ込める技術）等によって、等量を吸収・相殺しなければならないとすることである。「脱炭素」ないし「実質排出ゼロ」、英語で「ネットゼロ」ともいわれる。そうすることで、CO_2等の温室効果ガスの増加を抑制し、地球御温暖化の進行を防止しようという趣旨である。

したがって、カーボン・ニュートラルの実現に当たっては、石油等化石燃料の使用が禁止されるわけではなく、石油等を消費する必要がある場合には、その排出と等量の吸収・相殺が必要とされることになる。

■パリ協定「2℃目標・1.5℃努力目標」

カーボン・ニュートラルについては、温暖化対策の国際的取り組みを定めた「パリ協定」（Paris Agreement）の「2℃目標・1.5℃努力目標」の実現が前提になっている。

2015年11月の気候変動に関する枠組み条約第20回締約国会議（COP20、地球温暖化対策の具体的な国際的取り組みを話し合う会議）において、国際約束として、「2度抑制目標、1.5℃抑制努力目標」が合意された。すなわち、「世界的な平均気温上昇を工業化（産業革命）以前に比べて2℃より十分低く保つとともに、さらに1.5℃に抑える努力を追求する」（パリ協定第2条）とされ、また、この目標を達成するために「今世紀後半に温室効果ガスの人為的な発生源による排出量と吸収源による除去量との間の均衡を達成する」（パリ協定第4条）こととされた。その意味では、パリ協定が合意された時点で、21世紀後半におけるカーボン・ニュートラルの実現は、国際約束されたことになる。

なお、1.5℃努力目標については、温暖化に伴う海面上昇による国土水没の危機に瀕している太平洋島嶼諸国の主張に配慮して、パリ協定合意の最終段階で追加採択されたものといわれている。

しかし、その後、国連の専門機関である「気候変動に関する政府間パネル」（IPCC）による「1.5℃特別報告書」（2018年10月）の発表後は、人類にとって気温上昇抑制1.5℃努力目標のほうが、2℃目標より望ましいとの国際的認識が広がった。世界各国においては1.5℃

努力目標達成のためには、「21世紀後半の早い時期」ではなく、遅くとも「2050年までのカーボン・ニュートラル実現」が必要であるとして、2050年実現が次々と宣言されることとなった。

ただ、2℃目標・1.5℃努力目標については、「回復ないし許容し難い影響を回避する」との観点からの「国際的コンセンサス」とされているが、なぜ、2℃（1.5度）になったかの客観的な理由、科学的根拠が明確に示されているわけではない。まして、2℃（1.5℃）に抑制されれば、本当に人類に対する温暖化の影響が軽減される保証、あるいは、回復し難い影響が防止されるとの保証があるわけではない。確かに、許容範囲の程度については、個人、人それぞれの価値判断によるしかない。例えば、ある人は猛暑・干ばつを、ある人はサンマやサケの漁獲量を、また、ある人は感染症を媒介する蚊の北上を、他の人は北極の氷山の減少を、さらに別の人はサンゴや伊勢海老の生息域を問題にするだろう。温暖化に対する基準・感覚・目安は人それぞれである。したがって、国際的な一つの目安、割り切りとして、2℃（1.5℃）が合意されたものと、理解するしかないと思われる。また、国際条約として、規範（遵守すべきルール・基準）性を有する以上、各国の努力によって実現可能な水準を考慮した目標でもあろう。

■カーボン・バジェット（炭素収支）

次に、カーボン・ニュートラルの実現時期については、2℃目標で21世紀後半、1・5℃努力目標で2050年までとされているが、これは炭素収支（カーボン・バジェット）の考え方に基づくものとされている。すなわち、過去の観測データによれば、世界の平均気温の上昇と大気中へのCO_2排出量の増加には強い相関関係があることから、2℃上昇までのCO_2の許容排出量を試算（シミュレーション）すると、あと1兆2000億CO_2トンの化石燃料の消費が許容されるが、現在のスピードで排出（世界の排出量：約350億CO_2トン／年）が続くとすると、あと35年程度で許容範囲に達するとするものである。

■カーボン・ニュートラル実現への道筋

2050年カーボン・ニュートラル実現に向けて、その具体的方策については、欧州連合（EU）、国際エネルギー機関（IEA）、欧州主要国、日本等から提示されているが、考え方としては多少の差異はあるものの、内外ともに概ね共通している。ここでは、わが国の場合を例に具体的方策を紹介する。

カーボン・ニュートラル実現には、概ね5つの課題があると考えられる。第1に、徹底的な省エネルギー・効率的なエネルギー消費によって、エネルギー消費量の可能な限りの削減を図ることである。

第2に、発電源の再生可能エネルギーや原子力発電等への転換によって、電力部門の脱炭素化（非化石化）を図ることが必要になる。電力は、消費時点ではCO_2排出はないが、化石燃料を原燃料として発電すれば、電力を使う家庭や企業は間接的にCO_2を排出することになる。特にわが国では、石炭・LNG（液化天然ガス）等の化石燃料による発電割合が72・9％（2021年度エネルギー需給実績）と極めて高く、発電の非化石燃料への転換が大きな課題となる。

第3に、電力の脱炭素化を前提にして、電気自動車やヒートポンプの導入など化石燃料消費の電力への転換（電化）が必要である。ただ、わが国の場合、エネルギー最終消費に占める電化率は27・2％（同上）と世界平均よりは高いものの、欧州先進国よりは低い。したがって、消費者（家庭）や需要家（企業）の協力なくして実現できない課題である。

第4に、電化できない部門、非電化部門の水素化・アンモニア化等である。特に、鉄鋼・セメント・石油化学等の産業部門における化石燃料利用の非化石燃料化である。確かに、高炉における水素還元製鉄技術などは実証段階にはあるが、実用化にはまだまだであり、新規技術開発が必要不可欠である。

第2～4は、エネルギー転換が求められているといえる。

第5に、化石燃料消費が残る分のCO_2排出を相殺するための森林やCCUS（CO_2回収利用貯留）等による吸収・除去が必要である、とされている。

こうして見ると、現時点での技術では、化石燃料消費の残る部分が考えられることから、カーボン・ニュートラルの実現は相当難しい。新規の革新的技術開発が必要不可欠であろう。しかし、上記第1～3までは、概ね既存技術で実現可能な取り組みでもある。脱炭素に向けては、「できるところから実行する」との考え方に基づいて、着実に実行していくことが必要であろう。その意味では、現状の技術で対応可能である石炭火力発電所の廃止や乗用車の蓄電池式電動化が急務とされるのは、当然のことであると思われる。

■わが国の取り組み

各国政府が２０１９年以降次々と、２０５０年カーボン・ニュートラル実現を宣言する中、前述のとおり、わが国も２０２０年10月、菅総理（当時）が国会の所信表明演説において、内外に対し２０５０年カーボン・ニュートラル実現をコミットした。これを受けて国内では、官民挙げて一斉に脱炭素に向けた動きが本格化した。２０２１年5月には、地球温暖化対策推進法が改正され、今世紀後半の脱炭素社会の実現を目指す旨が明記された。

また、10月には、第6次エネルギー基本計画が策定され、２０５０年カーボン・ニュートラル実現とその中間目標である２０３０年温室効果ガス46％削減を目指した、具体的なエネルギー政策の方向性が示された。これによれば、２０３０年エネルギー需給について、石油30％・天然ガス20％・石炭20％・再生可能エネルギー20％・原子力10％・水素等1％とし、再生可能エネルギー・原子力の利用拡大、水素・アンモニア等の導入によるエネルギー転換、技術開発の推進等による脱炭素化を図るとしている。同計画の策定過程では、再エネと原子力の拡大が大きく注目されたが、石油についても詳細に検討され、石油は引き続き、国民生活・産業活動に必要不可欠な重要なエネルギー、災害時には「最後の砦」と位置付けられ、サプライチェーン（製油所、ＳＳ等）・国際競争力の維持強化とともに、ＣＣＵＳ（CO_2回収利用貯留）・合成燃料等の脱炭素技術の確立が提言された。

さらに、２０２３年5月には、ＧＸ（グリーン・トランスフォーメーション）推進法が制定され、脱炭素経済への移行に必要な財源（約20兆円）を確保するために「ＧＸ経済移行債」を発行するとともに、その償還財源として、発電部門での排出権取引や化石燃料輸入時の賦課金などカーボン・プライス（炭素価格）導入が定められた。

4-3 カーボン・プライス（炭素価格）

地球温暖化対策の手段として、「カーボン・プライス」が取り上げられることが多い。本節では、カーボン・プライスの概要を解説するとともに、石油の物性・商品特性、燃料油課税（石油諸税）との関係で、課題や問題点を考える。

■カーボン・プライスとは

排出削減手段として、カーボン・プライス（炭素価格）が注目されている。カーボンプライシングとは、化石燃料の消費に伴う炭素排出を炭素税や排出権価格の形で化石燃料の価格に上乗せすることをいう。化石燃料の価格を引き上げることで、①化石燃料の消費抑制、あるいは、②政府の財源確保、③脱炭素のアナウンスメント効果を狙っている。

人類の日常生活・経済活動は、化石燃料を消費（燃焼）することで、産業革命（18世紀末）以降、飛躍的に、便利で快適、豊かなものになってきた。しかし、温室効果ガス排出というデメリット（環境汚染コスト）は外部化され（価格に含まれず）、誰も責任を取らない（コストを支払わない）形になっていた。こうした状況を変えるため、排出される温室効果ガスに価格を付け、環境コストを内部化（市場化、価格に含める）することにより、排出抑制を図ろうとする（化石燃料の価格が上がれば、消費は減少する）もので、地球温暖化対策の経済的手法の一つとされている。

確かに、地球温暖化の原因となる炭素排出を費用化し、削減を図ろうとする発想はあり得る。また、その税収やクレジット収益を温暖化対策や福祉、社会保障などの財源として活用することも可能である。また、排出権取引は、確実に一定の排出水準に抑制することが可能になる。化石燃料の需要家・消費者にしてみれば、炭素価格の上乗せによって、より一層エネルギーの効率的な消費に努めるようになるだろう。また、エネルギー機器の更新の際には、炭素排出の少ないエネルギーへの転換が進むかもしれない。

▒排出権取引と炭素税

炭素価格の具体的類型として、排出権取引（Emission Trading）と炭素税（Carbon Tax）が典型的である。許容排出量をあらかじめ設定する仕組みが「排出権取引」で、炭素価格をあらかじめ設定する仕組みが「炭素税」である。

排出権取引は、参加主体ごとに一定の排出枠（排出許容量）が設定され、一定期間の排出実績との差（排出権、クレジット）を主体間で売買することで、排出削減にインセンティブを付け、排出削減を実現するというものである。そのため、許容量まで排出削減が確実に実施されることが長所とされるが、限界削減コスト（温室効果ガス排出量を追加的に1単位削減するのに必要な費用）が明確でない中、参加主体に対する排出枠の公平な初期配分が難しいという短所がある。なお、排出権取引として民間主体の自主的クレジット取引を含める考え方もあるが、クレジットが適切な排出削減に裏付けられない「排出権」でない場合、購入側も「グリーン・ウォッシング」（環境重視を装うこと）と考えざるを得ない場合が多く、排出削減効果が疑問視されることから、ここでは国や地域による義務的排出権取引のみを対象として、考えることにする。

一方、炭素税は一定の税率のもと、どの程度の削減が可能か想定できない短所があるが、税収の活用やきめ細かい制度設計、開始後の制度変更が容易であるといった長所がある。例えば、現行の石油石炭税の上乗せ部分である「地球温暖化対策のための税」（CO_2 1トンあたり289円の炭素税）は、わが国初の炭素税だが、鉄・セメント用の原料炭、石油化学用ナフサ、農林水産用A重油等は免税・還付の対象とされるなど、国際競争力等にも配慮した制度設計になっている。

■国境炭素調整措置（CBAM）

典型的な炭素価格は排出権取引と炭素税であるが、新たな炭素価格の類型として注目されているのは、欧州連合（EU）が2026年1月から導入するとしている「国境炭素調整措置」（CBAM：Carbon Border Adjustment Measures）である。CBAMとは、気候変動対策の強度の差異に起因する競争上の不公平を防止するとともに、「カーボン・リーケージ」（炭素漏出：対策の緩い国・地域へ炭素排出を伴う生産が移転すること）の防止を目的として、EU域内輸入時に、炭素価格が低いあるいは排出規制が緩い国・地域で生産された、鉄鋼・アルミニウム・セメント・肥料・化学品・電力を対象（将来的には品目を拡大予定）に、欧州排出権価格相当の炭素価格を賦課しようというものである。

ただ、CBAMは、実質的に新たな関税の賦課と変わらないことから、国際貿易機関（WTO）ルールとの整合性が問題であるとの見解もあり、どのような形で実施されることになるか、今後の展開が注目される。

なお、欧州排出権（EUA）取引価格は代表的な炭素価格の国際的指標とされており、2005年の欧州排出権取引制度の開始以来、CO_2トン当たり10ユーロ（約160円／ユーロ）未満で低迷していたが、パリ協定（2017年）の合意による取り組みの本格化によって、2018年初め10ユーロを突破し急上昇した。2023年初には100ユーロを超え最高値を記録したが、その後は下落し、2023年末から24年初の段階では70ユーロ台で推移している。

▒メジャー国際石油資本の考え方

ティラーソン元米国務長官は、エクソンモービルCEO時代、炭素税に賛成したことが話題となったが、米国系メジャーは「炭素価格の導入は困るが、導入するのであれば排出権取引より炭素税のほうがよい」としていた。理由として、排出権取引は①炭素価格が変動するためコストの予見可能性を欠く、②そのため、消費者への価格転嫁が難しい、③制度の実施コストが高い、④官僚統制への危惧がある、ことを挙げていた。要するに、コストの予想が困難で転嫁が難しい排出権取引はダメだということだろう。

これに対し、欧州系メジャーはすでに排出権取引に参加していることもあって、こちらを好む。各社は、廃油田や廃ガス田を活用した「二酸化炭素の回収・貯留（CCS）」や、減衰した油田からの増産を行うためにCO_2を利用する「増進石油回収（EOR）」の実用化に向け、比較的高い水準の炭素価格を期待している。その意味では、排出量と吸収量の均衡を必要とするカーボン・ニュートラルの時代にあっては、炭素価格はCCSコストに収れんしていくのかもしれない。

国内外の排出権取引制度を見渡すと、成功しているものは米国のSOx（硫黄酸化物、炭素価格ではない）市場や東京都の排出量取引のように、より低炭素な代替エネルギーや代替技術・機器が存在し、代替コストが明確である分野に削減対象を絞ったもの、無理のない削減値（排出許容量）を設定しているものである。化石燃料の排出すべてに投網をかぶせるタイプのものは、欧州排出権取引（EU-ETS）などのように、概ね失敗してきた。化石燃料消費には代替性を欠く分野も多く、参加主体間での不公平が生じるからである。最近では、EU当局もこのあたりを認識して、鉄鋼業や石油精製業などには緩めの排出枠を設定している。

ただ、EU-ETSは、統一通貨ユーロと並んで欧州統合の象徴的存在になっているし、排出権取引では排出権が実質的に財産権になってしまっているので、廃止も制度変更も容易ではない。

■石油の価格弾性値

また、炭素価格の考え方は、化石燃料が需要（消費）に対して十分な価格弾力性（価格変化が需要増減に与える度合い）を有する場合には有効だが、価格弾力性が低い場合は有効ではない。すなわち、通常、価格が上昇すれば需要は減少するし、価格が低下すれば需要は増加するが、価格弾力性が小さいときは、価格が上昇しても消費はあまり減らない。

特に、石油製品は消費の価格弾力性が低いものが多く、価格変化で需要はあまり変わらない。2007年度のエネルギー白書によれば、石油製品の需要に対する価格弾性値は先進国の場合、短期で▲0・05、長期で▲0・36～▲0・64としている。また、日本エネルギー経済研究所編『図解 エネルギー・経済データの読み方入門』では、わが国の燃料需要の価格弾性値（長期）は▲0．079（1971～2014年データ）としている。弾性値が▲0・05の場合、価格が100％上昇（倍増）しても需要は5％しか減らないことになる。これは、石油製品について省エネが相当程度進んだこと、生活必需品であることが多く、代替エネルギーが限られることによるものだと思われる。したがって、炭素価格を導入しても、需要抑制の効果はほとんどないことを意味する。

■石油課税の考え方：ガソリン税が高い理由

燃料需要の価格弾力性の低さは、石油税制の考え方にも反映されている。

一般に、税制は「中立性の原則」から、家計や企業の経済活動における選択をゆがめるべきではないとされる。そのため、個別物資に消費課税する場合、その税率はその物資の需要の価格弾力性に反比例するように決定されるべきであるとする考え方（ラムゼイ・ルール）がある。

需要に対する価格弾力性が低い石油製品は、税率が一定程度高くても需要への影響は軽微であるから、自由な経済活動における商品選択をゆがめることはないという考え方である。また、価格弾力性が小さいと課税によって需要が大きく減らず、税収も減らないことから、石油製品は担税物資として適しているといえる。結果的に、石油製品への高率課税が合理化されることになる。極端にいえば、「ガソリンなどは税金を高くしても、需要も税収も減らないから、重税をかけても構わない」ということになる。

これは、「炭素価格を導入すれば燃料需要が減り、CO_2排出量も減る」という炭素価格の考え方とは矛盾しており、まったく相入れない。そもそも、「税収が減るような税は税ではない」とする見解もある（2003年6月政府税制調査会中期答申）。そうした意味もあってか、英国では「炭素税」とはいわず、「気候変動課徴金」（CCL：Climate Change Levy）としている。

■EV化と課税

近年、世界的に電気自動車導入促進（EV化）が、脱炭素政策の中心的課題となっている。

EV化は、石油業界にとっては乗用車燃料の独占がなくなることを意味し、ガソリンに競合（代替）燃料が登場する。その意味では、価格弾力性は上がる。炭素価格でその価格差を埋めることができれば代替が可能になり、ガソリン消費が減り、排出削減もでき、炭素価格が機能するようになる。

しかし、それ以前の問題として、EV化でガソリン車の減少が進めば、ガソリン消費は激減し、ガソリン税（正式には揮発油税と地方揮発油税）の税収（2023年度当初予算税収見込み：約2・2兆円）も激減する。ガソリン税は、すでに法律的には一般財源化されているが、実質的には道路財源に投入が続いていることから、今後、橋やトンネルを含めた道路インフラの更新・維持管理コストの増大を考えると、道路財源の確保は大きな問題である。

政府・財務省としては、税収を確保するため、EVに対しても現行のガソリン税並みの本格的課税を検討せざるを得ない。道路利用者に対する負担の公平性の観点からもEVへの課税は必要である。与党の「令和6年度税制改正大綱」（2023年12月）では、本件は継続検討とされている。すでに欧米では、従来のガソリン税等の「燃料課税」から、GPS装着等による実走行距離に基づく「走行課税」への移行も検討されている。今後の検討の行方が注目される。

技術開発財源としての炭素価格

石油製品において、他の財・エネルギーとの代替性を欠く場合、炭素価格の排出削減効果は期待できない。ただ、従来は石油が独占してきた輸送用燃料においてもＥＶが一般化してきたように、技術開発が進めば代替性が確保され、排出削減効果が期待できる分野はどんどん広がってゆくのであろう。

また、排出削減効果がないからといって、炭素価格を否定できるものではない。それは炭素価格の機能として、財源確保手段の意味があるからである。その意味では、ＧＸ推進法に定めるカーボン・ニュートラル実現のための技術開発等に投入される「ＧＸ経済移行債」の償還財源として、賦課金や発電部門における排出権取引の導入が予定されているが、これらはよく考えられた制度であり、大きな意味があるだろう。

4-4 脱炭素の「痛み」

持続可能な地球を維持し、後世に伝えて行くための「脱炭素」。その実現には、当然ながら負担やコストが発生する。政府によれば、カーボンニュートラル実現に向けて、官民合わせ150兆円の新規投資が必要であるとの試算も出ている。本節では、カーボン・ニュートラルに向けた脱炭素に伴う国民・消費者の負担やコストについて考える。

従来、この「影」の部分は意図的に議論が避けれてきた感があるが、今後、正面から取り上げ克服していくことが求められる。

■エネルギー・産業構造の変化

「化石燃料からの移行」が提唱される中、極端な気象現象の頻発を目の前にすれば、片時も脱炭素への取り組みを疎かにすることは許されない。

しかし、脱炭素実現のためには、エネルギー需給構造の転換が必要となる以上、それに伴う摩擦や問題が発生することは止むを得ない。産業構造や社会構造、雇用・教育にも影響が出るであろう。転換はコストがかかることだから、コスト負担も必要になるだろう。コストは、物価高といった金銭的な経済的負担に止まらず、失業といった社会的負担も必要になるだろう。ここでは、脱炭素に伴う「痛み」、コスト負担について、エンジン自動車（ＥＣＶ）から蓄電池電気自動車（ＢＥＶ）への転換を例に考えたい。

■ＥＶ化の有効性と課題

いわゆる乗用車の電動（ＥＶ）化は、エンジン乗用車からのCO_2排出は排出総量の約25％弱に相当することから、脱炭素には極めて有効であるし、技術的・経済的に代替可能な分野から取り組むとの考え方は合理的である。また、電気自動車のエネルギー効率は、エンジン自動車の2倍から3倍あるといわれていることから、エネルギー総量の削減、省エネルギーにも貢献する。日本の乗用車すべてがＥＶ化しても、総電力消費量は1割程度しか増加しないとの試算もある（日本エネルギー経済研究所）。さらに、ＥＶバッテリーは、ピーク時電力の負荷軽減対策、再エネの間欠性（夜間や無風時に発電できないこと）のカバー、停電時のバックアップ等への活用も期待できる。ただ、日本のように、発電の化石燃料比率の高い国では、ＥＶ化の温暖化対策上の意味はないため、電力部門の脱炭素化、あるいはＣＣＵＳのような排出対策付きの火力発電が当然の前提であろう。

現在、日本をはじめ先進工業国において、産業構造の中心にあるのは自動車産業であり、産業技術の中心はエンジン技術である。自動車のみならず、ロケット、航空機、船舶など派生技術も多岐にわたる。また、自動車産業はわが国の国内総生産（GDP）の約3％、輸出額の約15％を占めるばかりでなく、自動車関連産業の雇用者は約550万人と、わが国労働人口の8・3％に達する。主な内訳は、メーカー本体は約20万人、メーカー・部品・車体等を含めた製造部門は約90万人、販売部門は約80万人、ガソリンスタンド・損害保険・駐車場等の関連部門は約40万人、電気電子・金属・化学等の資材部門は50万人、さらに、職業ドライバーは約220万人という（2022年、日本自動車工業会）。

自動車製造のすそ野は広い。下請け・協力会社の部品・付属品製造業、車体製造等、特にエンジン関係部品は高度な製造技術が必要とされる。それが、EV化が進むと、部品点数は半分から3分の1になるという。また、EVは構造が単純で高度な技術も必要ないことから、モーターとバッテリー中心のユニット化が進み、途上国でも製造が可能になるといわれる。愛知、三重、静岡、神奈川、群馬、広島などの自動車関連の中小企業はどうなるのであろう。自動車産業への依存は、中小企業だけではない、鉄鋼産業も国内生産の4分の1は自動車産業向け出荷である。EV化で、わが国の産業構造はがらりと変わってしまうであろう。

また、自動車整備工場の従業員（24・4万人、同上）はエンジン技術者から電気技師に代わられるであろうか。ガソリンスタンドの従業員（31・3万人、同上）はどこへ行くのであろうか。その意味でも、岸田政権が力を入れている「学び直し」（リスキリング）は非常に重要になる。

■「痛み」の認識

こういったことを考えると、欧州連合（ＥＵ）が進めるＥＶ化は「日本の自動車産業潰し」だといわれるのも理解できる。ＥＶ化が日本の産業構造に与えるインパクトは、予想以上に大きいものだと覚悟しておく必要があろう。ＥＶ化のためには、わが国の「強み」を捨てざるを得ない。

最近では、こうしたＥＶ化の痛みは、欧米でも認識され始めている。ＥＵでは、２０２３年２月には、国内自動車産業の要望に基づく、ドイツからの強硬な要請で、２０３５年に販売禁止対象となる自動車から合成燃料使用のエンジン自動車が除外さるなど、ＥＶ政策が修正された。また、２０２３年11月の全米自動車産業労働組合のストライキの際には、賃金引き上げ要求とともに、失業発生の懸念から、バイデン大統領のＥＶ政策への反対運動が起きている。

ＥＶ化の推進に当たっては、こうした「陰」の部分も認識しておきたい。

■ＥＶの中国依存

ＥＶ化の影の部分として、経済安全保障上の問題として指摘されていることに、中国依存の増大がある。ＥＶのバッテリーには、リチウム・ニッケルなど多量の希少金属が必要になるが、多くはアフリカが原産地ではあるものの、そのサプライチェーン（流通網）を中国が抑えている。「資源の中東依存が中国依存に代わるだけではないか」との声も聞こえる。ＥＵ諸国も、ウクライナ開戦前は親中政策に傾いていたが、開戦後は「世界の分断」、経済安全保障の重要性の認識を背景に、中国依存のＥＶ化に警戒感を抱くようになった感がある。米国も中国産ＥＶ排除に動いている。

中国が抑えているのは、ＥＶの原材料だけではない、太陽光発電のソーラーパネルの8割以上、風力発電の風車の半分は中国産だという。先を見据えた中国の脱炭素政策、そして、対ＥＵ接近政策は流石というしかない。わが国も、気候政策を活用・利用するような、強かな国際戦略をもう少し見習ったほうがよいのかもしれない。

■グリーン・インフレーション

カーボン・ニュートラル実現に向けては、あらゆる産業・消費者において、代替・転換コストがかかること、あるいは、財源確保・排出削減のための炭素価格が上乗せされることから、物価の上昇が懸念される。これを「グリーン・インフレーション」という。

経済活動・国民生活に必要不可欠なエネルギーが、天然資源である化石燃料から、再生エネルギーや原子力、水素・アンモニア等に代わることで、コスト高になるというのは、一見逆説的だが、脱炭素の機器への買い替えコストがかかることに加えて、再エネを含め非化石エネルギーのほうが、化石燃料より供給コストは高いのである。再エネが普及すれば普及するほど、電力料金は上がっている。水素・アンモニアは、化学的・人工的に製造するしかない。やはり、天然資源の供給コストは、その効用、利用価値に比べれば圧倒的に安い。天然資源の「恵み」なのである。

最近、資源価格の高止まりが話題となっているが、前述とは別の経路であるものの、これも「グリーン・インフレーション」の一つの典型であろう。

原油価格の場合、高止まりの背景には、コロナ禍からの経済回復に伴う需要増加に、金融機関のＥＳＧ投資（環境・社会・企業統治を重視した投資）の考え方・石油会社の座礁資産化（資産が投資回収前に無価値になること）懸念から、生産設備の投資不足に伴う供給不足が発生し、需給ひっ迫に陥ったことが挙げられる。一時は、「ダイベストメント」といって、機関投資家による化石燃料会社・プロジェクトからの投資撤退が流行したこともあった。気候変動対策を最優先する、最近のバランスを欠いた金融機関のエネルギー価格上昇への責任は重い。

また、産油国も脱炭素を前に「稼げる間に稼いでおこう」と、政策転換、原油価格の高め誘導に動いているが、これは産油国だけの動きに止まらない。わが国の石油会社・流通業者（ガソリンスタンド）も、脱炭素を前に過当競争・安売り合戦を止めて、「採算経営」に徹しているようだ。すでに、脱炭素に伴う高コスト・物価高の時代は到来しているのだ。

■資本主義の限界

１９７０年代、大気汚染や水質汚染など地域公害が大きな社会問題となっていた時期、公害は市場外不経済の発生であるされ、資本主義の限界であるといわれたが、こうした地域公害は行政による行政指導・規制強化や企業・消費者のコスト負担によって、概ね克服された。

しかし、地峡温暖化は国民生活・企業活動において、化石燃料の燃焼があれば、必然的に発生するCO２を中心とする温室効果ガス（GHG）が原因である以上、化石燃料の消費を止めるか、あるいは、CCS・森林等による排出等量の吸収・相殺がない限り認められない。その意味では、原理的に地域公害の解決以上に、温暖化の解決のハードルは高く、資本主義の限界を示しているのかもしれない。「緑の資本主義というおとぎ話」という見解もある（斎藤幸平『ゼロからの『資本論』』NHK出版新書、2023年）。

■民主主義の限界

さらに、地球温暖化対策は、資本主義以上に民主主義の限界を示しているような気もする。

例えば、2018年秋からのフランスの「イエローベスト」運動は、地方住民を中心とする温暖化対策のための燃料税の増税反対が契機であり、マクロン大統領は増税提案を撤回するしかなかった。2024年に入ってフランスでは、環境規制・炭素税に反対して地方農民がトラクターで高速道路をパリに向けて行進する「エスカルゴ作戦」も始まった。また、トランプ元大統領の岩盤支持層は「地球温暖化はフェイクニュース、温暖化対策は米国経済を弱体化させる」との主張を支持し続けている。さらに、英国のスナク首相は、2023年9月20日の演説で、2024年の総選挙に向けて保守党の劣勢を回復すべく、気候政策の全般的見直し方針を表明した。わが国の報道では、なぜかエンジン自動車販売禁止の2030年から2040年への延期方針に焦点が当たっていたが、燃料税軽減やロンドン都心への自動車乗り入れ制限の緩和など、脱炭素政策の包括的見直し方針・方向転換の表明が要旨であり、こちらはあまり報じられていなかった。

一般市民・消費者にとっては、温暖化対策より自分や周囲の負担増加、雇用や賃金、物価高のほうが重要なのであろう。「脱炭素の痛み」を眼の前にして、先進国では、環境政策・グリーンは「票」にならない時代、ポピュリズムの時代に入ったのかもしれない。近年、欧州各国では「緑の党」も停滞気味に感じる。

以前、温暖化対策が企業の反対で進まなかった頃、温暖化対策は議会ではなく、「賢人会議」方式（英国）や抽選による「市民会議」方式（フランス）で決定すべきであるとの議論があったが、いまこそそうした合意形成が必要なのかもしれない。しかし、これでは有権者の多数決を前提とする民主主義に反する。頻発する気象災害を前に、カーボン・ニュートラル実現が急務とされるいま、それらも一つの解決策ではあるが、「独裁」のリスクを秘めた解決策でもある。その意味では、地球温暖化対策と民主主義は両立しないのかもしれない。

当面は、国民・有権者には、温暖化の影響・対策の必要性ばかりではなく、同時に、「脱炭素の痛み」についても、率直に説明し理解を求めていくしかない。逆にいえば、持続可能な将来の地球のためには、国民・有権者が「脱炭素の痛み」を受け入れ、その覚悟を持つしかないのであろう。

4-5 これからの石油

本省の最終節では、カーボン・ニュートラル、脱炭素に向けての転換期、そして、その実現後の石油と石油産業のあるべき姿を考える。脱炭素の実現には、新規技術開発が必要不可欠であるが、それらの技術開発には、石油産業の既存の知見とインフラは極めて重要である。ある意味で、その実現は、石油産業の技術開発にかかっているのかもしれない。合成燃料（e-Fuel）と二酸化炭素回収貯留（CCS）を例に考えたい。

最後に、中長期の原油価格を展望する。

■石油需要はなくならない

カーボン・ニュートラルの時代になっても、化石燃料の消費が禁止されるわけではないと前述したが、石油の場合、①石油代替技術の開発されていない使途、②非常用・災害対策（レジリエンス）用の使途、③既存機器の使用が継続、などのケースでは、石油消費（需要）はなくならないであろう。例えば、非常用電源としてのディーゼル発電機は残るであろうし、法律でエンジン自動車や灯油ストーブの販売禁止は可能でも、使用禁止にはできないであろう。

国際エネルギー機関（ＩＥＡ）の世界エネルギー見通し（２０２３年10月、ＷＥＯ）の２０５０年カーボン・ニュートラル実現を前提とするバックキャスト見通し（実質排出ゼロ（ＮＺＥ）シナリオ）でも、２０５０年時点の石油需要は、現状の約４分の１に相当する２４３０万ＢＤは残るとしている。

その意味で、エネルギー移行期・過渡期を含め、カーボン・ニュートラル達成後にあっても、石油産業は、一定程度のサプライチェーン（製油所・ガソリンスタンド等）の維持等、石油安定供給の継続・継続的投資が必要不可欠になるであろう。

■石油製品の代替性

石油は、①輸送用燃料、②熱利用、③石油化学原料、と多種多様な用途で使用されており、この汎用性は石油の大きな特徴である。液化天然ガス（ＬＮＧ）の用途が発電用と都市ガス用に限られること、また、用途が鉄・セメント等の原料用と発電用に限られることとは大きく異なる。ところが、石油の用途の中には、代替技術や代替燃料を欠く用途や生活必需品の用途も多い。

ＩＥＡは、従来、航空燃料・船舶燃料・貨物輸送燃料・石油化学原料については、代替性が低い・代替が難しいと評価してきた。例えば、ジェット燃料には、持続性航空燃料（ＳＡＦ：Sustainable Air Fuel）と呼ばれるバイオ起源等のCO_2排出フリーの燃料も出てきているが、現時点では技術上・安全上の理由で、ジェット燃料への混合上限は９％に規制されている。したがって、規制上限の拡大は考えられるが、ＳＡＦ１００％への置き換えは難しいと見られている。また、船舶燃料やトラック燃料をすべて水素やアンモニア、あるいは電力に代替することも難しいだろう。残念ながら、現時点では、技術的、数量的、コスト的に代替困難な用途（分野）があり、石油の使用禁止は不可能であることから、一定の石油需要（消費）は残らざるを得ない。そういった用途については、代替技術の開発を待つしかなく、炭素価格は開発財源になっても、解決策にはならない。

▒石油業界の多面的対応

石油業界の多面的性格、長くて広範囲なサプライチェーンを反映して、石油産業のカーボン・ニュートラルへの対応も、多面的で多様な対応が求められている。

まず、第１の対応は、自社操業の排出に係る脱炭素化である（スコープ１＋２の対応）。主な石油会社は、２０５０年までの自社操業のカーボン・ニュートラルを宣言している。その中で、ＥＮＥＯＳが２０４０年までの達成を宣言している点が注目される。

各社とも、エネルギーの高効率消費により徹底的な省エネを図り、可能な限り排出量を圧縮し、排出が残る部分はＣＣＳ（CO_2回収貯留）で対応するとしている。また、石油開発会社の中には、大規模な海外植林に参画している会社もある。石油業界は、アップストリーム（上流）からダウンストリーム（下流）まで、言い換えれば、油田からガソリンスタンドに至るまで、サプライチェーンの各所で、操業にCO_2排出を伴っている。

特に、石油精製業・製油所操業は、精製工程では高温・高圧下での利用が中心となるため、燃料多消費型でCO_2排出が多く、3082万t－CO_2と、わが国の産業別排出量で電力・鉄鋼・化学に次いで4位、わが国全体の排出の2・7％（2020年度）を占めている。省エネ強化・燃料転換推進・再エネ活用等で排出削減に努力しているが、蒸留・分解等のプロセス転換には限界があり、排出分はCCUS（CO_2回収利用貯蔵）等の吸収・相殺で対応するとしている。

次に、第2の対応は、経営基盤の拡大・転換である。すでに、石油元売り各社は、2040年燃料油内需の半減を前提に中期経営計画を策定、それに沿って事業を運営しているが、2050年脱炭素達成時にはさらなる需要の激減も避けられないことから、事業基盤の拡大・転換は必要不可欠となっている。方向性としては、「総合エネルギー・素材産業」を目指すとしており、メガソーラー・洋上風力・地熱といった再生可能エネルギー発電や「新電力」といわれる電力小売りなど電力事業への参入、またペットボトル原料や有機ELといった石油化学の知見が活かせる新素材分野への進出などを考えている。最近では、新素材の関連分野として、出光興産は電気自動車の車載用全固体電池の開発にも取り組んでいる。

そして、第3の対応として、革新的技術開発、脱炭素の技術開発である。脱炭素というビジネスのピンチをチャンスに変えたいという発想であり、自社の供給製品の消費全体に伴うカーボン・ニュートラルの実現（スコープ3の対応）と社会全体のカーボン・ニュートラル実現に貢献するための取り組みである。水素の取り扱いについては長い熟練と知見があり、油田・製油所・ターミナル・パイプラインなど、既存のサプライチェーンの活用も考えられることから、これらの優位性が発揮できる水素や合成燃料、二酸化炭素回収利用貯留（CCUS）の開発に注力している。今後の展開次第では、石油業界の技術開発がカーボン・ニュートラル実現のカギになるかもしれない。特に、合成燃料とCCSについては後述する。

最後に、第4の対応として、石油安定供給の維持が求められている。前述のとおり、移行期・転換期はもちろんのこと、カーボン・ニュートラル実現後も、一定の石油需要が残ることから、規模は激減するものの安定供給が求められる可能性が高い。石油業界にとっては、経営基盤の転換、撤退の中で、既存のサプライチェーンの維持も図らなくてはならない。ある意味、この対応が一番難しいのかもしれない。

■合成燃料（e-Fuel）の開発

合成燃料とは、炭素と水素を化学的に合成して製造した代替燃料のことをいい、現在の石油製品と同様の性状で、同様の取り扱いが可能となる。したがって、消費者や需要家にとっては、現在の石油製品使用機器がそのまま利用できるとともに、石油会社も現在のサプライチェーンがそのまま活用できるという長所がある。石油代替が難しい分野での代替になるとともに、わが国の産業技術、産業競争力の根幹ともいえるエンジン技術の活用も可能となる。

合成燃料の主なポイント

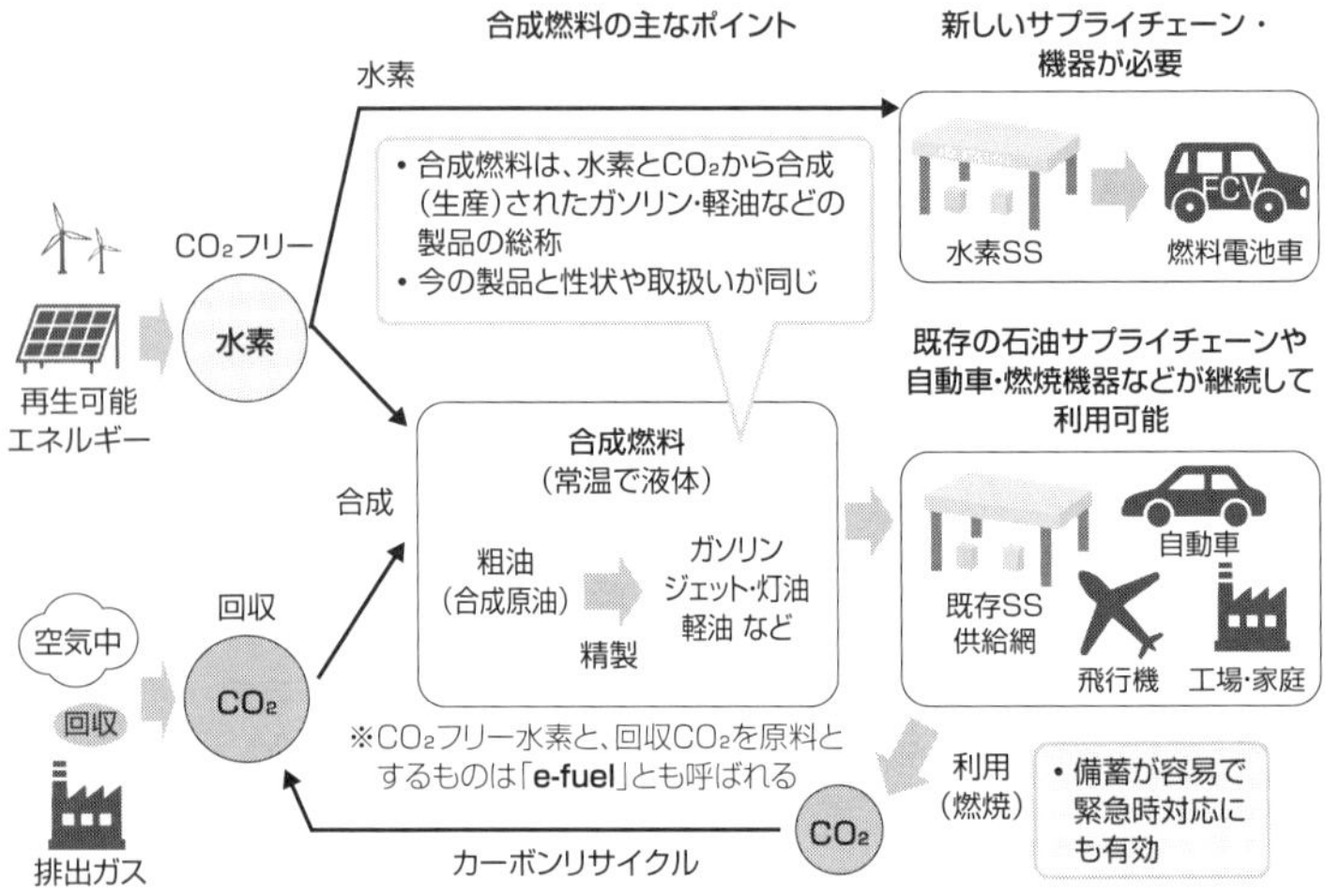

出所：石油連盟

特に、合成燃料のうち、大気中のCO_2を回収した炭素（C）と再生可能電力で電気分解した水素（H）を合成した燃料は、「e－Fuel」といわれ、石油業界が現在最も注力する技術開発である。技術開発で先行するENEOSでは、2030〜40年代の商用化に向けて実証を進め、30年以降に、日量1万バレル（年間約58万KL、内需の約2％）の製造を目指している。

ただ、エネルギーとしての利用に当たっては、エネルギー安全保障の確保が重要であり、合成燃料にあっても例外ではない。そのためには、消費者・需要家が必要とする数量のエネルギーが適正価格で供給されることが必要である。現在、製造コストはリッター当たり1000円を切ったといわれるが、まだまだ高価といわざるを得ない。

したがって、商用化、実用化（社会実装）のためには、今後、コスト低減と生産規模の拡大が大きな課題になるのであろう。

■二酸化炭素回収貯留（CCS）の開発

2050年になっても、化石燃料消費が相当量残存することが予想されるため、カーボン・ニュートラルの実現には、そうした排出を相殺するための吸収量の確保が必要であり、そのため、CCUS（CO_2回収利用貯留）が期待されている。

すでに、内外の石油業界は2000年代初めからCCS（CO_2回収貯留）技術の開発に取り組んでいる。CCS技術とは、大気中のCO_2を化学的に分離・回収し、これを地中深く封じ込め、管理、監視しつつ長期間貯留するものである。地下の帯水層や枯渇油田・ガス田を利用する場合が多く、石油・ガス業界にとっては油田・ガス田の操業の反対のことを行う技術であり、過去の知見や既存のインフラが活用できる。そのため、国際石油会社、特にシェルやシェブロンは早い時期から技術開発に着手、実用化しているし、わが国でもINPEXが長岡で、JAPEXが苫小牧で、小規模ながら実証試験に成功している。

ただ、わが国のCCSの課題として、コストの問題とサイト（適地）の問題がある。現在、世界的にコストは1トン－CO_2当たり100ドル程度といわれているが、わが国ではその倍近いといわれ、特にCO_2の分離・回収コストの低減が課題となっている。また、わが国の場合、適

CCS（CO_2回収貯留）技術

二酸化炭素の回収･貯留技術（CSS）の概要

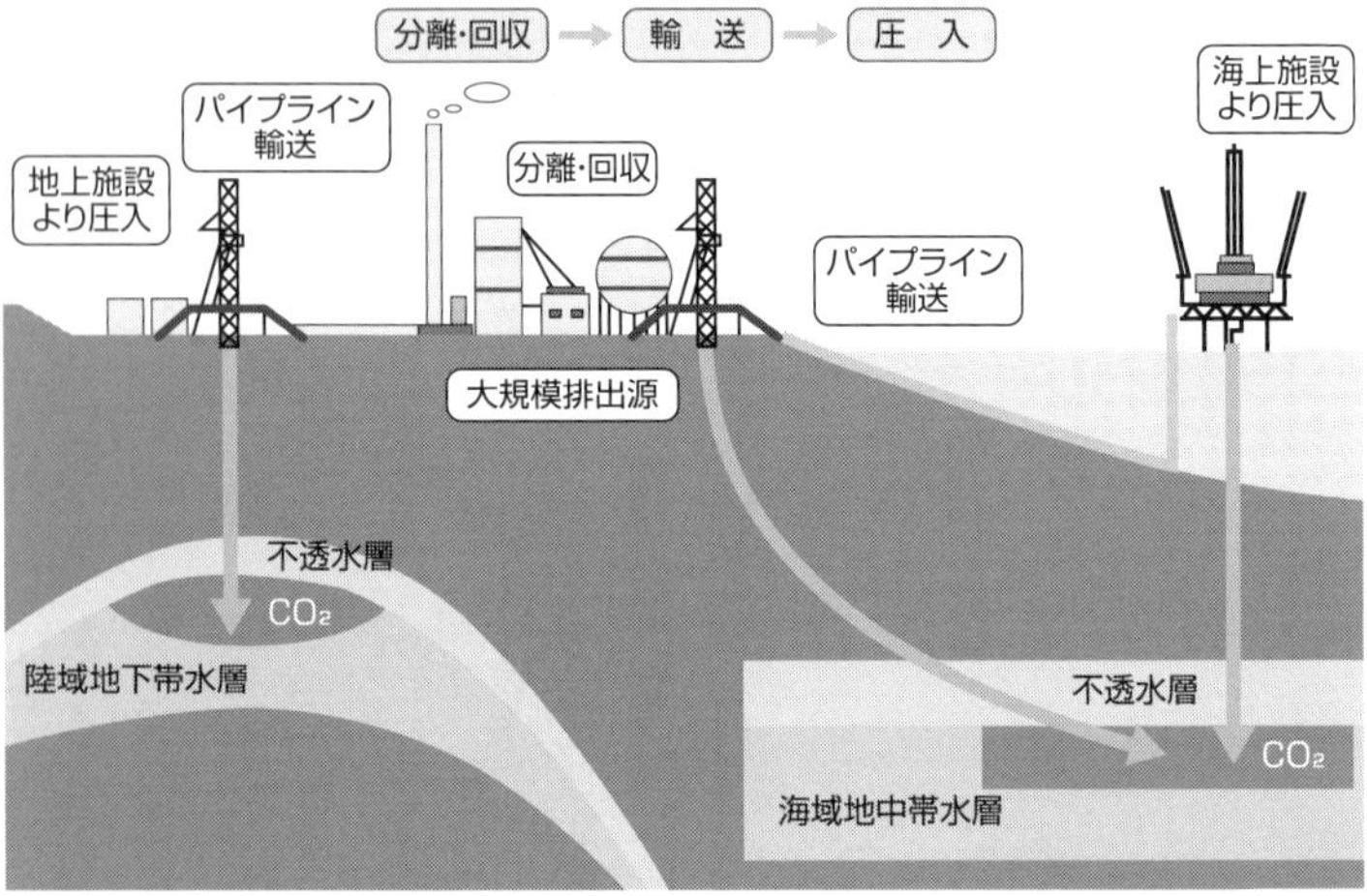

出所：経済産業省

地が限られているという問題もある。とはいえ、世界的には既存油田やガス田を中心に、約2兆トン（現行世界年間排出量の60年相当）のポテンシャルがあると見られることから、CCSの活用には、国際協力が不可欠になるものと思われる。

■原油価格の中長期見通し

脱炭素への動きの高まりの中で、世界的に有識者やエコノミストの間では、コロナ禍以前には、原油価格は長期低落するとの見方が主流であったが、コロナ禍以降は、逆に原油価格は中長期的に高止まりを続けるだろうとの見方が増えた。

実際に、先進国の石油需要は、すでに2003年をピークに減少を続けているが、途上国需要は2000年代に比べると鈍化したものの、引き続き先進国の減少を上回る勢いで増加を続けている。したがって、ネットで世界の石油需要増加が見込まれる中、供給側では化石燃料プロジェクトへの投資抑制によって、増産設備への投資不足が発生し、石油需給にひっ迫が続くと見られている。さらに、多くの産油国は脱炭素時代に備えて、原油価格の高値維持政策を続けると見られることから、途上国の脱炭素化が本格化し、需要減少に転じない限り、中長期的に原油価格は高止まりを続けるとの見方が増えている。

したがって、問題は、世界の石油需要のピークはいつになるかである。国際エネルギー機関（IEA）は2023年の世界エネルギー展望（WEO）で、現行の公表炭素政策が継続する場合（STEPSシナリオ）でも2030年以前にピークが来るとしている。他方、石油輸出国機構（OPEC）の2023年秋の長期見通しによると、2040年代半ばに1億1700万BD（現状の約17%増）でピークアウトすると見られている。IEAの見通しは、政策実現を前提とするバックキャスティングであり、その政策的意図・必要性は理解できるが、途上国の経済成長を前提とする限り、先進国における激的な需要減少がなければ、2030年以前のピーク到来はあり得ない。「途上国の成長を阻害しても、脱炭素を実現せよ」というのは、先進国の身勝手ではないか。これは「気象正義」（Climate Justice）に反する。OPECの見方のように、ピークは40年代にずれ込むと見るのが、自然ではないだろうか？

補論

石油の「富」・「レント」を考える

補論-1

石油の特性：その光と影

本書においては、石油情勢、特に原油価格の変動が、現代の国際情勢（政治・経済）にどのような影響を与えたか、また、逆に国際情勢の変動が石油情勢・原油価格にどのような影響を与えたか、その相互作用・因果関係の連鎖について、三大産油国（ロシア・米国・サウジ）の盛衰を中心に振り返ってきた。

石油の最大の経済的特徴は、消費における便益・効用の大きさ（便益性）と供給における低コスト（経済性）にある。石油の優位性はそこにあり、その差は石油の「富」・付加価値である「レント」の裏付けとなる。

また、長年、メジャー国際石油資本の原油支配によって、原油価格は1ドル台に抑えられてきたが、第1次石油危機以降はOPECによる政策的価格支配により、80年代後半以降は（国際石油市場の主要プレーヤーの暗黙のコンセンサスに基づく）市場連動価格の採用により、原油価格・レントの変動の幅は飛躍的に大きくなり、国際情勢の変動を増幅させてきた。

本節では、国力の源泉ともいえる、石油の「富」・「レント」が、どのように生み出されるか、その裏付け・根拠・仕組み、そこに潜む課題・問題点について、補足しておきたい。

■消費における効用・便益（利便性・非代替性）

まず、石油の「光」の部分として、消費における効用・便益を考えたい。安全に留意すれば、輸送、貯蔵、使用といった取り扱いはきわめて容易であり、運輸、産業、民生・業務と幅広い燃料としての使用、そして、石油化学等における原料としての使用が可能で汎用性と利便性に富む。「安全に留意すれば」と留保したが、燃焼利用が主用途である以上、燃焼性の高さはむしろメリットであり、当然のことである。また、このことは「エネルギー密度の濃さ（高さ）」と言い換えられるのかもしれない。石油の単位数量当たりの熱量が大きいことは間違いない。

20世紀の先進国における生活の豊かさと経済成長は、利便性の高い石油が低コストで消費できることによって実現されたといっても過言ではない。北海道に住む年配の方からは「灯油ストーブがわが家に来た日、これで石炭運び・石炭くべから解放されると思い嬉しかった」という話を、白川郷で民宿を営む老婦人からは「灯油ストーブを嫁入り道具に持って行った友人が羨ましかった」という話を聞いたことがある。高度成長期、マイカーをローンで買って誇らしかった人も多いのではないか。ガソリン・灯油等は、生活必需品として日常生活に必要不可欠なものとなっている。しかも、ガソリンや軽油といった輸送用燃料は長年、代替性がきわめて限定され、石油が独占してきた。まさに、現代社会は石油消費に依存している。それゆえ、石油の安定供給は国家の経済安全保障に直結することになる。

生活必需品であるため、石油の消費は短期的にはきわめて硬直的で、総じて消費に対する価格

石油の優位性と問題点

弾力性は低い。すなわち、石油価格が高騰したからといって、需要家・消費者は消費を止めるわけにはいかない。長期的には、燃料転換や輸送用燃料を含めエネルギー効率や燃費の良い機器に代替させていくことも可能ではあるが、少なくとも短期的には不可能である。航空業界を例にとれば、燃料価格が上昇したからといって、ジェット機を飛ばさないわけにはいかない。

■供給における経済性（スケールメリット、液体管理）

さらに、石油はその便益性の高さから大量消費が生まれ、スケールメリットが発揮されることで、低コストによる大量供給が可能となり、高い経済性を持つこととなった。大型のタンカー・タンク等による大量輸送・貯蔵も可能である。これも石油の「光」の側面、エネルギーとしての優位性である。

また、エネルギー供給に当たってのエネルギー損失（ロス）も、石油は小さい。石油精製・輸送の段階の燃料消費で損失は発生するが、せいぜい7％強ではないか。その意味で、石油供給も極めて効率的である。

また、石油は常温で液体であるためパイプライン輸送も可能で、出荷・精製・物流の各段階で流体として管理できることも経済性を発揮する。ただ、そのため、供給サイドにおいては供給設備・供給能力は過大になりがちである。さらに、固定費に対する変動費・限界生産コストの安さ、貯蔵の容易性等と相まって常に供給圧力がかかるため、市況商品となってしまいがちでもある。

逆に生活必需品ゆえ、価格が安くなったからといって、短期的には消費は増加しない。したがって、消費が拡大しない限り、過剰設備・過剰供給能力の問題は常に残る。アップストリーム（上流・石油開発生産部門）においては、産油国の過剰生産・生産協定違反がその典型であり、ダウンストリーム（下流・石油精製流通部門）においても、過剰精製設備・販売部門の過当競争の例を見ることができる。過剰供給設備の存在は、石油産業の宿命かもしれない。

石油の「富」・「レント」の源泉

結果、採掘から消費までの積み上げたコストに比較して、石油の便益（利用価値）は非常に大きい。そのため、湾岸産油国の場合、5ドル前後のコストで生産される原油が10倍以上の原油価格で消費国に輸出（販売）される。消費の便益は、生産コストの10倍以上の経済的価値があるということだ。そして、その差は「レント」（剰余価値・地代・不労所得）として、産油国政府の収入となる。民間石油会社が生産する場合には、現地（産油国）政府への税・コミッション（約80％）と自らの利潤（約20％）として分け合うこととなる。本編では言及を避けたが、石油の「富」・「レント」の規模感を参考までに簡単に示しておきたい。

仮に、原油輸出１００万ＢＤの中規模産油国（ロシア・サウジは約８００万ＢＤ、イラン・ＵＡＥで２５０万ＢＤ強）で、原油価格バレル当たり80ドルの場合、年間輸出額は２９０億ドル、出荷（生産）コスト10ドル／Ｂと仮定すると、政府に入るネットの年間収入、すなわち石油の「富」は２５０億ドル強と試算される。

なお、日本の２０２３年輸出総額は約１００兆円だったので、為替レート＄１５０円とすると約６６０億ドル、また、23年度当初予算も１１５兆円強だった。

ガソリン小売価格の内訳（2022年1月）

ガソリン		168.1円/L
消費税		15.3円/L
石油石炭税		2.8円/L
ガソリン税 53.8円/L	暫定上乗分	25.1円/L
	本則税率	28.7円/L
石油会社とガソリンスタンドのコスト・マージン		38.6円/L
原油輸入価格		57.6円/L

出所：石油情報センター

■消費国にも石油の「富」（燃料課税）

他方、下流部門においても、消費国政府は石油製品の消費の便益の大きさと代替性の欠如を背景にして、石油製品に対し高額の個別間接税を課税している（第4章第3節）。さらに、欧州各国においてはわが国を上回る燃料課税が行われていることを見ても、わが国における石油消費に係る担税力にはまだまだ余裕があることになる。したがって、担税物資としての石油に対する高率課税が正当化される根拠は間違いなく石油の「便益」と「非代替性」であろう。その意味で、消費国政府も、石油が財として有する付加価値・剰余価値を税収の形で確保しており、石油の「富」を産油国政府と分け合っているといえる。

国内の２０２２年１月（補助金支給直前、円安進行局面）のガソリン小売価格は平均１６８・１円／Ｌ（資源エネルギー庁の調査、２０２ドル／Ｂに相当、石油連盟推定通関レート１３２・１円／ドル）だった。内訳は、同月の原油輸入価格が57・６円／Ｌ（60ドル／Ｂ）、揮発油税・地方揮発油税・石油石炭税・消費税の税金合計が71・９円／Ｌ（86・５ドル／Ｂ）で、小売価格の43％に達する。ただ、２０２４年１月時点では、原油価格の上昇と円安の進行で、原油輸入価格はガソリンの税金を上回っている。

筆者は若い頃、産油国が得る莫大なレント・不労所得の発生に、経済的正義に照らして、何か割り切れないものを感じていた。しかし、消費国における燃料課税の実態を見て、産油国政府も消費国政府も、消費者・需要家にもたらす石油の大きな便益に着目して石油の有する付加価値を分け合っていることに気が付き、何故か納得してしまった。

また、経済取引における「等価交換」とは、供給者側の供給コストと価格で比較すべきものではなく、価格が消費者・需要家側の便益・効用に見合っているか、満足できるか、どうかなのだということに気が付いた。

■供給における安全保障の重要性（資源の中東偏在）

もちろん、石油には「影」、問題点・課題もある。石油はその生成の起源から、資源の賦存・分布が偏在しているという特徴を有する。石油の大規模な埋蔵が期待できる「堆積盆地」が広がる地域は、北アフリカからアラビア半島、中央アジア、西シベリアに至る地域などを中心に世界的に限られている。

そして、この石油資源の偏在はシェール・オイル、超重質油等非在来型石油の登場で緩和されたものの、依然として、石油の富の配分と消費国の経済安全保障との関係で、深刻な問題を生み出している。また、石油の埋蔵が歴史的に紛争多発地域である中東諸国に、そして、先進消費国と必ずしも価値観を共有しているとはいえないイスラム諸国に集中している事実も重要であろう。

考えてみれば、80数年前、「持たざる国」である大日本帝国は石油の輸入を禁止され（1941年8月）、南方インドネシア・マレーシアの産油地帯に軍事侵攻、世界を相手に第二次世界大戦・

太平洋戦争を始めてしまった（同年12月）。それは、ナチス・ドイツも、ファシスト・イタリアも同様であった。

その意味で、石油資源の偏在と消費国における石油依存を前提にすれば、石油が戦略性を有するのは当然であり、石油を持たざる消費国政府は、国民への責任として、石油安定供給・エネルギー安全保障の確保政策を実施しなければならなかった。したがって、無資源国であるわが国が二度の石油危機を経て、国を挙げて「脱石油」、「脱中東」に向かってエネルギー政策を展開したことは、経済安全保障上当然のことであった。ただし、いずれかの時点で、その費用対効果は冷静に検証してみる必要があろう。

■消費における環境制約（CO_2排出の必然性）

石油消費の大半は、燃料として燃焼利用される。燃焼という酸化反応によって、その便益が実現されるわけであるが、その酸化化合物が大気に放出されることを中心に、石油の利用が環境に悪影響を及ぼすことが、石油の大量消費に伴う最大の社会問題になっている。特に今日最大の課題が、二酸化炭素（CO_2）排出による地球温暖化問題である。

１９７０年代以来問題となってきたのは、窒素酸化物や硫黄酸化物等による大気汚染問題など公害問題であるが、改善の成果を見ればわかるように、製品品質の向上、燃焼設備・プロセスの改良等、コストさえかければ、解決可能であった。しかしながら、90年代以降、世界的問題となった地球温暖化問題は、石油消費におけるより本質的な問題、解決不能な問題である。炭素化合物である石油は燃焼すれば必然的に二酸化炭素、不完全燃焼であれば一酸化炭素が発生するのである。現時点ではＣＯ$_2$回収貯留（ＣＣＳ）を除いて、大量の炭酸ガスを人為的に固定化する技術はない。

太陽エネルギーで光合成によりＣＯ$_2$を固定した太古の植物やそれを食物とした動物の死骸が堆積し、永年の地殻変動を経て石油が生成されたというプロセス（石油起源有機体説）と同様のサイクルが人為的に確立できれば、問題はないのであろうが、如何せん１～３億年という歴史の蓄積を、本格的利用以来１６０年、一瞬のうちに使い尽くそうとしているのである。したがって、地球温暖化の観点から見たとき、石油消費は致命的欠陥を持っている。石油の利用に伴うサイクルが完結していないのであろう。

補論-2 原油価格の形成

次に、本節では、産油国が石油の「富」・「レント」を生み出す原油価格の形成について補足しておきたい。

まず、原油価格の決定方式である。長年のメジャー国際石油資本の原油価格管理に続き、産油国・ＯＰＥＣによる恣意的価格設定があり、80年代半ばからは市場連動のフォーミュラ方式による原油価格決定に移行し、約40年近く、現在に至っていることはすでに述べた（第３章第３節）。本節では、その市場連動の価格決定方式について、さらに詳説しておきたい。

加えて、先物市場やスポット市場における原油価格の変動要因について補足する。長年、メジャーにより安定的に推移してきた原油価格の決定権がＯＰＥＣに移り、市場連動に移行したことでその変動が大きくなり、国際情勢に大きな影響を与えてきたが、こうした状況を踏まえて変動要因について考えてみたい。

原油価格の決定方式：市場連動の価格形成

現在、サウジアラビア国営石油（サウジアラムコ）やイラン国営石油（ＩＮＯＣ）など、多くの産油国国営石油会社では、期間契約（Term Contract）に基づく原油販売価格については、各市場の指標原油の先物価格あるいはスポット価格に「調整金」を加減した形で決定する「フォーミュラ価格方式」を採用している。また、アブダビ国営石油等では、翌月の出荷価格そのものを通告する「通告価格方式」を取っているが、この方式にあっても各市場における指標原油価格を参考にしつつ価格を決めている。したがって、基本的に消費国の実際の原油輸入価格は、指標原油の価格に連動する形で決まっている。

アラブライト極東向け価格＝（ドバイ価格＋オマーン価格）÷2±調整金α

すなわち、北米市場向け原油はWTI、欧州市場向けは北海ブレント、アジア市場向けはドバイ等に代表される指標原油の先物価格・スポット価格を基準として、これらの指標原油と当該原油の品質の差やその時点の需給状況、産油国としての生産・販売政策等を反映させるために「調整金」で加減した上で、現実の原油出荷価格は決定されている。例えば、増産時には販売拡大のため引き下げ（ディスカウント）し、減産時には販売を絞るため引き上げる（プレミアム）のである。サウジアラムコの極東向けアラブライト原油における、2024年1月船積み原油の価格フォーミュラは、1月のシンガポール市場のドバイ原油とオマーン原油の月間スポット価格平均プラス3・5ドルとなっている。通常、サウジの前月の輸出（販売）実額は月初に、次月のサウジの調整金額はその数日後に日本経済新聞で報道されている。

■原油価格の3つの変動要因

原油価格の変動要因については、色々な見方や考え方があるが、①原油需給のファンダメンタルズ（需給要因）、②地政学的リスク（地政学的要因）、③経済環境・金融市場の資金移動（金融・経済要因）の3要因で分析し説明されることが多い。すなわち、石油の商品としての3つの特性、①市場商品、②戦略商品、③金融商品をそれぞれ反映したものであるとも考えられる。これは、石油業界関係者がよく利用する分析手法で、上昇局面でも下降局面でも、説明可能な一般的な見方といえる。石油連盟会長記者会見でも、この3要因で説明されることが多い。

■需給要因・市場商品性

第1の要因は、需給のファンダメンタルズである。原油も、市場商品（Commodity）である以上、原油価格は需給のファンダメンタルズ（基礎的条件、需給状況）を反映する。

2000年代の原油価格高騰の最大の要因はBRICS等新興国の経済成長に伴う石油需要の急拡大であり、2010年代の低迷の要因はシェール・オイル増産であったし、最近の高止まりの最大要因は、コロナ禍からの経済回復に伴う需要増加に産油国の増産が追いつかず供給不足に陥っていることである。このように、需給要因は原油価格変動の最大の要因となってきた。

従来、OPECは原油価格を維持し石油収入を確保するため、世界の石油需要、非OPECによる供給、在庫変動の見通しに基づいてOPEC原油需要（Call on OPEC）を試算し、加盟国間で生産調整を行ってきた。これは次式で表されるが、ＯＰＥＣが生産者カルテルとして、自発的な生産調整によって需給均衡を図ってきたことを意味している。この需給調整機能は、２０１７年からはロシア等のＯＰＥＣ非加盟の主要産油国10か国を加えた「ＯＰＥＣプラス」に移行された。

ＯＰＥＣプラス供給（Call on OPEC+）＝世界需要－非ＯＰＥＣプラス供給±在庫変動

現在、ＯＰＥＣプラスでは、基本的に年2回の合同閣僚会議で、次半期における世界の石油需要とＯＰＥＣプラス以外の産油国産油量を予測し、その差をＯＰＥＣプラスの供給量として、国際的な石油需給の均衡を図っている。もちろん、原油価格を上昇させたいときには厳しめの供給（生産）量とし、逆に原油価格が過熱し、抑制させたいときには緩めの供給量にする。さらに、内部的にはＯＰＥＣプラスの総供給量を各国に割り当て、国別の生産枠を設定し、生産協定（カルテル）とする。一般に、生産カルテルは参加者間であらかじめ合意されたシェア割りに基づいて、プロラタ（均等割）で決定される場合が多い。長年、ＯＰＥＣもそのように運営されてきたが、ＯＰＥＣプラスにおいてはコロナ禍以降、サウジやロシアといった大産油国が自主的な追加減産として、シェア割りを大幅に上回る減産に応じている。大産油国の自覚、ないし、原油価格の引き上げを意識したものだろう。

原油価格についても、他の市場商品同様、経済学上の供給曲線と需要曲線の均衡点で価格が決まることになるが、生産協定によって生産コストが安いOPECプラス産油国が生産量を制限することで、供給曲線は上方にシフトし、原油価格の維持・吊り上げが図られているのであろう。

■地政学要因・戦略商品性

第2の要因は、地政学（的）リスクである。これは、石油資源が地理的に偏在する一方で、石油製品が国民経済に不可欠な基礎的物資であり、国の安全保障に直結する戦略物資であることによる。

2000年代の原油価格高騰は、需給要因・金融要因によるところが大きかったが、上昇の契機となったのは9・11同時多発テロ（2001年9月）と、それに続くアフガン攻撃（同年12月）、イラク戦争（2003年3月）など地政学要因であった。その後、リーマンショック（2008年9月）に伴う世界同時不況で暴落した原油価格が100ドル台を回復したのも、「アラブの春」（2010年末〜11年）という地政学要因であった。

また、中東において地政学的に中心となる対立軸は、イスラエル建国（1948年5月）以来第一次石油危機（1973年10月）までは、「アラブ（パレスチナ）対ユダヤ（イスラエル）」であったが、イラン宗教革命（1979年2月）を経て、「アラブ（特にサウジ）対ペルシャ（イラン）」に移行した。

しかし、今回のイスラエル・ハマスの軍事衝突で、前者の対立は未解決のままであり、それが後者の対立軸とオーバーラップ、結びつくことで、問題が複雑化し、産油国への波及が大きく懸念される状況が生まれている（第3章第6節）。なお、「地政学」ないし「地政学リスク」自体については、次節（補論第3節）で、考察する。

■金融経済要因・金融商品性

第3の要因は、金融・経済要因である。これについては、2003年以降、世界的な余剰資金を背景に、原油先物の市場規模が急拡大、金融市場の資金移動が、原油価格の形成にも大きな影響を与えるようになった。その結果、原油の「金融商品化」、また、原油先物市場の「マネーゲーム化」が促進された。原油先物市場への資金の流入は値上がり要因となり、資金流出は値下がり要因になる。

このように、2000年代の原油価格高騰には、需給要因と並んでこうした金融要因も大きく影響した。また、2014年秋からの急落は、米国FRBの量的緩和（QE2）終了による金融引き締め、ドル高への転換が加速させたと思われる。原油はほとんどがドル決済されているため、ドル高になると原油先物は他の金融資産に比し割高感が生まれること、また、産油国はドル以外の他国通貨に対し購買力が大きくなることから、原油価格の値下がり要因になる。ただ、ドル高に伴う円安は、円建ての原油輸入価格のベースでは、逆に値上がり要因となり、国内石油製品の値上がりを招く点には注意が必要である。さらに、金融引き締めは2022年下期の米欧における相次ぐ金利引き上げのように、インフレ対策として景気過熱を冷やすために行われるとともに、リスク資産とされる原油先物から他の安全資産への乗換え（Risk off）により、原油価格低下を加速させる。

■国内石油製品価格との連動性

本節の最後に、原油価格と国内のガソリン等石油製品小売価格の関係について触れておきたい。前述のとおり、原油価格はＯＰＥＣプラス産油国の需給調整の下、市場価格で決まることになるが、石油製品小売価格は先進消費国、とりわけ欧米においては、製品スポット市場で決まるといわれている。

しかし、わが国においては、２０１７年の石油業界再編以降、石油製品の原料となる原油輸入価格コスト・マークアップされるのが通常で、２０２２年1月末の「燃料油価格激変緩和補助金」支給開始以前は、ガソリン等の石油製品小売価格は、原油輸入価格の変動に2～3週遅れで連動していた。ただし、灯油については流通経路が複雑であることから、コスト転嫁に１か月程度の時間を要する。生協等の小売価格改定は月毎である。

しかし、補助金支給以降は石油会社・ガソリンスタンドのコスト・マージン一定を前提に、石油会社に支給される補助金が原油価格の変動に応じて毎週改訂されることから、原油輸入価格の変動にもかかわらず、製品小売価格はほぼ横ばいを続けた（ただし、補助金廃止を前提に補助金

国内石油製品小売価格と原油輸入価格（円建て）

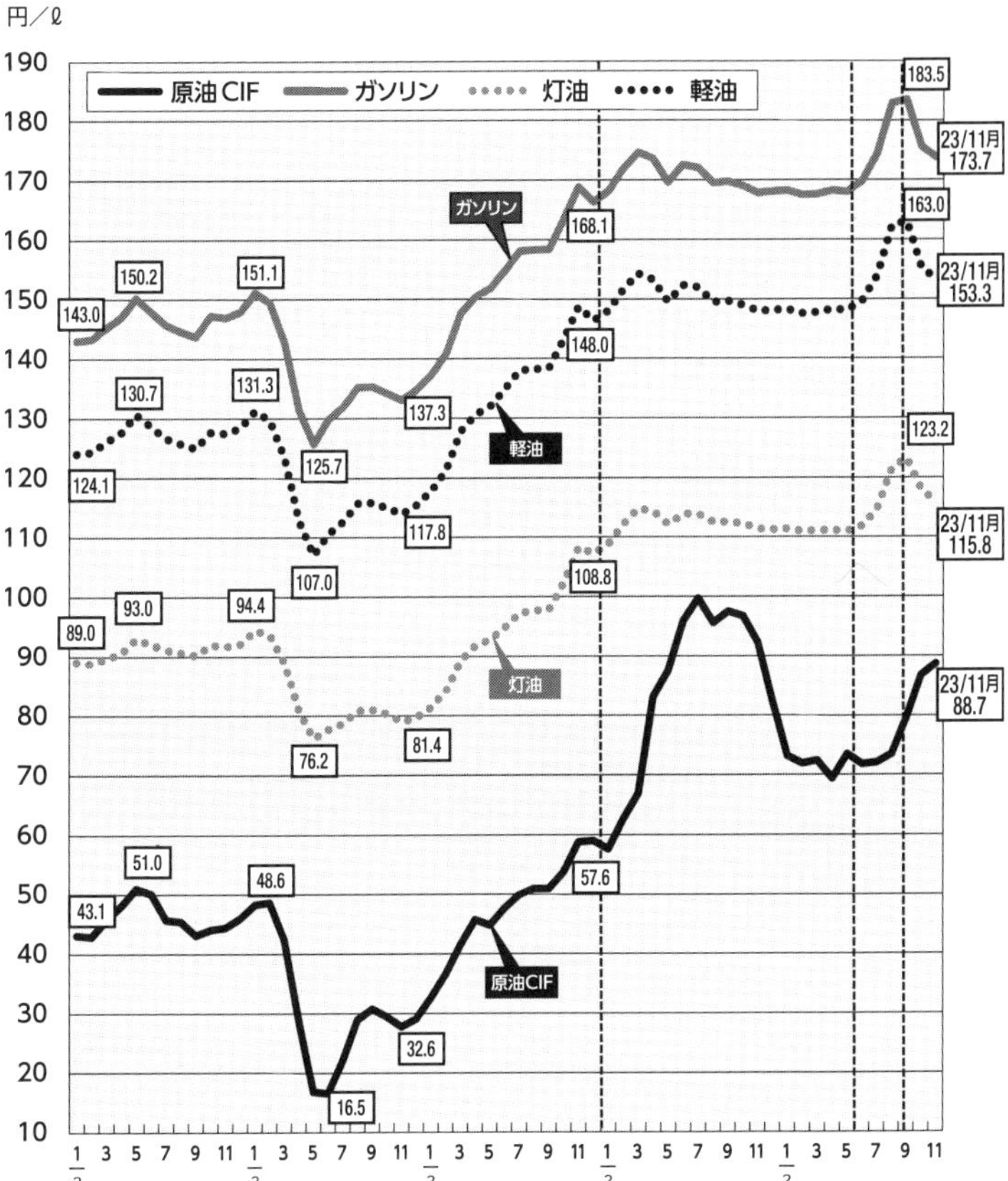

出所：石油情報センター

削減が行われた23年6～9月の間は除く）。原油価格がロシアのウクライナ侵攻（22年2月24日）で高騰した際も、円安が急激に進行した22年下期も、国内価格はほぼ横ばいを続けた。補助金効果である。補助金はガソリン価格値下げが目的ではなく、価格抑制（値上がり防止）が目的であり、石油会社に基本的に原油価格の変動（値上がり）分をガソリンスタンド向けの卸価格の抑制原資として支給される。その意味で、原油価格と国内製品価格の連動性は切断された。

したがって、補助金支給が続く間は、ガソリン等の小売価格はほぼ横ばいが続くものと考えてよい。問題は補助金終了時の原油価格と為替水準である。24年2月時点の補助金は20円前後、終了時点の補助金相当額が値上がりするだろう。

補論-3

「地政学」と「地政学リスク」

「地政学」、あるいは「地政学リスク」、よく聞くわりには、意味がわかりづらい言葉である。定まった定義はないようである。しかし、本書を「新しい石油の地政学」とし、原油価格の変動要因として「地政学リスク」を挙げる以上、それらの意味について、考え方を明らかにしておく必要があるだろう。

■地政学

今回、書名を「新しい石油の地政学」としたが、当初「地政学」という言葉を冠することには、若干の躊躇があった。

そもそも、地政学は、ナチス・ドイツや大日本帝国に利用されたとして、第二次世界大戦後は「禁断の学問」とされた。学問領域としても正式に確立しているわけではなく、論者によってもその意味するところは一致しているとは言い難い。

ただ、最大公約数的な一般的な理解としては、地政学とは「地理的条件が、ある特定の国・地域の政治・経済・軍事等に与える影響について研究する学問」とされることが多い。そうであるならば、石油の埋蔵（賦存）・生産、あるいは、石油へのアクセス、輸送・貯蔵上の要衝といった、まさに「地理的条件」が国家の存立・方針に大きな影響を与えることと考えると、「石油の地政学」というものがあっても、おかしくはない。

また、歴史的に見ても、当初、日露戦争当時から第一次世界大戦は、領域・要衝・アクセス等といった要素が地政学の中心であったが、第二次世界大戦では、まさに戦争遂行上の必要性もあって、ナチス・ドイツも大日本帝国も、枢軸国側は「持たざる国々」として、石油の確保・アクセスが、国家的な中心的課題となった。加えて、70年代の石油危機以降は原油価格の高騰・低迷の繰り返しで、消費国にとってはもちろん、産油国にとっても、石油情勢は国力の消長から国内総生産、国際収支、財政収支にまで、その影響は大きくなってきている。

本書では、石油危機以降の国際情勢と石油情勢、特に原油価格との関わり、その相互作用を中心に、激変する石油情勢を説明したつもりである。

■地政学リスク

「地政学リスク」も明確な一定の定義はなく、2002年9月に米国連邦準備制度理事会（FRB）が9・11同時多発テロ（2001年9月）からイラク戦争（2003年3月）に至る中東情勢の不透明感・不確定性を表す言葉として使用して以降、有識者・報道機関等で用いられるようになった経緯がある。本書では、地政学リスクとは、「地理的条件に起因して安全保障（石油安定供給）を阻害するような主要な懸念要因・不透明感・不確定性など」をいうこととした。

ただ、「地政学リスク」という言葉は要注意である。筆者も、講演やマスコミ取材で、中東情勢の緊迫化や湾岸地域での緊張の高まりによる原油価格の上昇を「地政学リスクの高まりによるもの」と説明したり、理由付けしたりしてしまうことがよくある。しかし、大切なことは「地政学リスク」の具体的内容であろう。確かに、その具体的内容が詳細すぎる場合には、マスコミなどにおいては説明に便利な言葉であるが、内容がよくわからない場合に、「地政学リスク」でごまかすのは問題だ。筆者自身も自戒している点である。

また、金融や経営の専門家に聞くと、「リスク」とはその想定される事象の影響（インパクト）の大きさとその事象の発生確率（頻度・可能性）の積で評価されるという。したがって、ある懸念される事象が現実に発生した後は、石油の場合、リスクではなく、現実の需給で評価されることになる。また、そうした意味からも、気候変動リスクへの対応は極めて重要なのであろう。

■リスクの顕在化・現実化

筆者には、懸念されていたリスクが顕在化、現実のものとなり、現実の需給関係が原油価格変動の問題となった経験が何度かある。重要なことは、それまで原油価格の上昇要因になっていたリスクが現実化しても、必ずしも、原油価格は上昇しない、むしろ低下することもあるということだ。「織り込み済」ということかもしれない。

例えば湾岸戦争の開戦時、1991年1月17日のことだ。この日、ニューヨーク先物価格は、前日終値の32ドルから20ドルに12ドル下落した。米国を中心とした多国籍軍が猛烈な空爆でイラクを圧倒し終結が見えたということだったのだろう。緊張状態から解放されたということなのかもしれない。軍需による石油需要急増も時間の問題でなくなるとの見通しであったのだろう。

また、ウクライナ戦争長期化が見えてきた2022年下期も、秋には侵攻前水準に戻った。ロシアの侵攻直後は緊張が高まり、経済制裁によるロシアの減産必至との見通しで原油価格は急騰したが、戦争の長期化の中で、先進国向け石油輸出が中印等にシフトすることで、国際石油市場にはあまり影響しないことが明らかになったからだ。この点は、現実の需給ひっ迫に至った天然ガス市場と異なる。

さらに、2023年10月のハマス・イスラエルの軍事衝突の際もそうだった。直後は、湾岸産油国への波及懸念で上昇したが、波及懸念が遠のくと、侵攻前水準に低下、11・12月に上昇したのは、イエメンのフーシ派がハマス支援として、紅海で船舶攻撃を行い、タンカー航行に支障が出たからであった。

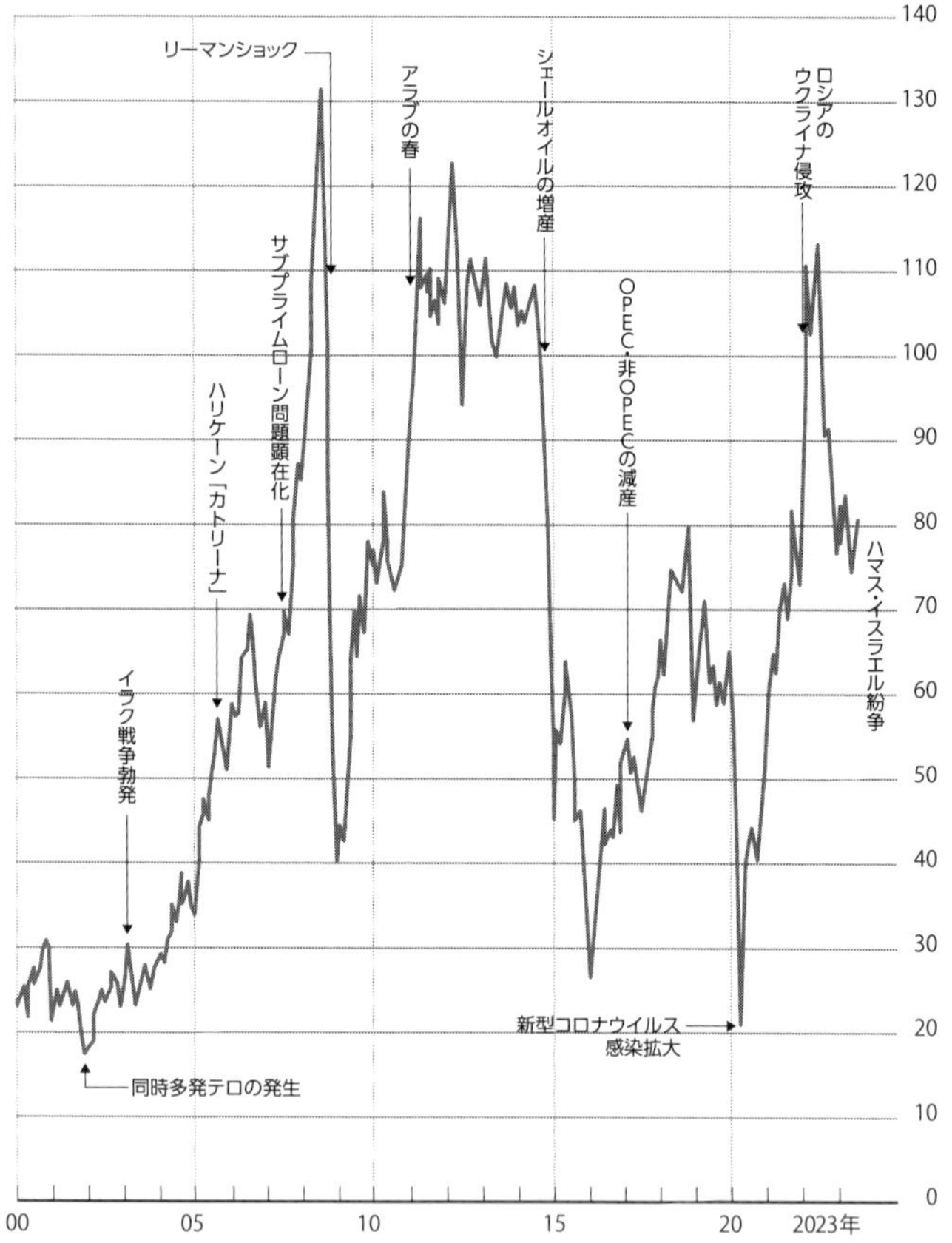
リーマンショック
アラブの春
シェールオイルの増産
ロシアのウクライナ侵攻
サブプライムローン問題顕在化
ハリケーン「カトリーナ」
OPEC・非OPECの減産
イラク戦争勃発
ハマス・イスラエル紛争
新型コロナウイルス感染拡大
同時多発テロの発生
140
130
120
110
100
90
80
70
60
50
40
30
20
10
0
00
05
10
15
20
2023年

■巻末資料：原油価格の推移（月平均）

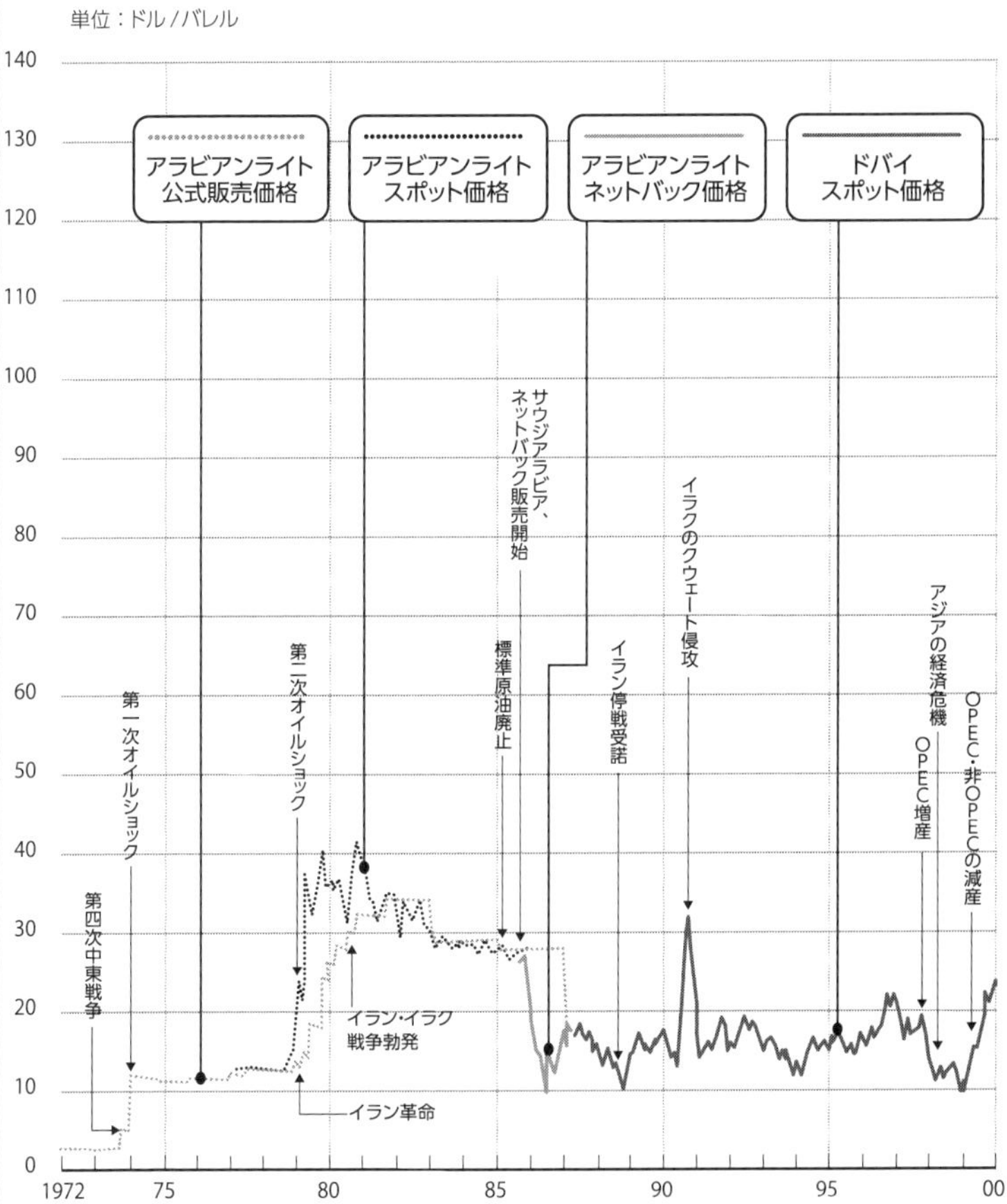

出所：石油連盟

■巻末資料：中東地図

■巻末資料：石油と天然ガスの産出地帯

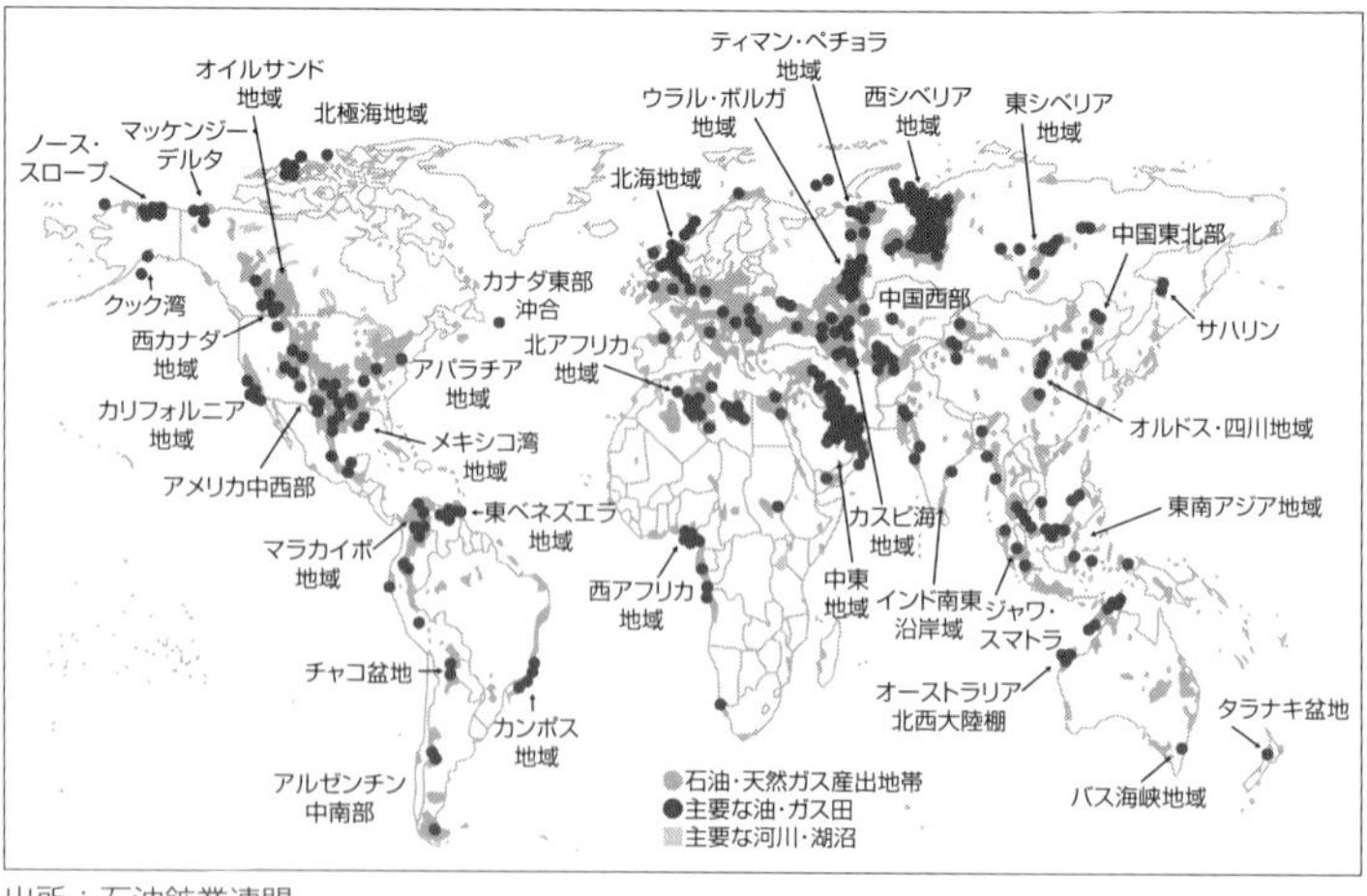

出所：石油鉱業連盟

おわりに

拙文に最後までお付き合いいただいた読者の皆さんに、心より感謝申し上げる。各位の何らかの参考、思考のヒントや一助になれば、幸いである。

読者に、お詫びしなければならない点が2点ある。

まず、引用出典、参考文献の明示が十分でないことである。本書では非常に広範囲のスコープのテーマを扱っていること、また国際情勢は日ごとに変化していることから、把握しきれていない先行研究が多い。本書の記述にあたっては、筆者の記憶と見立て・仮説に頼っている部分も数多いことをご了承願いたい。

また、本書は定性的記述が中心であり、定量的分析に欠くことである。国家の盛衰を語るのであれば、ソ連崩壊の前後の石油収入の試算（公表資料は見当たらない、国家機密？）、あるいは、米国のシェール革命前後のエネルギーコストや国際収支の変化のデータなどの定性分析も求められるだろう。その意味では、本書の内容は「床屋談義」の延長でしかないのかもしれない。

筆者も、石油連盟事務局から日本エネルギー研究所に移った際、研究員の末席に連なるべく、研究の手法・学術論文の作法などを身に着けようと試みたことはあった。しかし60歳という年齢を前に、むしろ、社会から求められたのは、40年に近い勤務の中で得られた経験や知見を外部に伝えることであった。石油情報センターにあって、マスコミの取材・問合せに対応したり、商工会議所・石油商業組合・トラック協会・農協等の事業者団体や消費者団体向けに講演したり、大学の講義に注力することこそが、社会的に意義のある活動だと思えた。昨年、65歳となった。時間との闘いである。

本書が生まれたのも、このような経験があったからこそである。「生煮え」・「未成熟」のまま、本書を世に送る失礼をご寛恕いただきたい。

さて、本書執筆の契機は、前著『図解入門業界研究 最新石油業界の動向とカラクリがよ〜くわかる本』（第3版）出版直後に、一早く読んでくださった石油流通の権威、桃山学院大学教授の小嶌正稔氏から、前著の各章末コラムが面白かった、特に、第1章末の「脱炭素の痛み」、第3章末の「ソ連を倒した原油価格暴落」が良かった、とお褒めの言葉をいただき、コラムの中身を深掘りしたような石油のエッセイを書いてはどうかとのお勧めをいただいたことである。その後、この話と本書のアウトラインを編集部に話したところ、その企画が通り出版に至った。その意味では、本書は先生の「宿題」への回答である。

また、ロシアの石油・天然ガスの権威である元JOGMECの本村真澄氏も、石油学会誌に前著の書評を寄せてくださり、章末コラムが良いと評価していただいた。ある勉強会の席上、ロシア専門家の本村氏に、本書第1章のソ連崩壊の経済的要因は原油価格暴落にあるとの見立てを申し上げたら、自分も崩壊直後からそう考えていたが、当時は批判が強かったと仰った。本村氏の賛同・アドバイスを得て、自信をもって第1章を書き進めることができた。その意味では、本書は本村氏の「リベンジマッチ」でもある。

執筆の契機を作ってくださった小嶌先生、本村氏はもちろんのこと、石油業界の40数年間にお世話になったすべての関係者・先輩・同僚・後輩の皆さんに感謝申し上げなければならない。各位からのお教え・ご厚意がなければ、本書は作りえなかった。

今回、日本エネルギー経済研究所の地球温暖化対策専門家の小川順子研究主幹、同研究所中東研究センターのサウジアラビア専門家の近藤重人主任研究員には、研究ご多忙の中、原稿完成段階で、内容をチェックしていただいた。お二人には、特に感謝申し上げる。ただ、本文中の事実誤認など、すべての文責は筆者個人に帰するものである。

また、本文中の意見・評価にわたる部分はすべて個人的見解であり、筆者が過去所属した組織、または現在所属する組織とは無関係である。

近年、日本経済の衰退が大きな議論となっている。日本全体が貧困化しているともいわれる。原因としては、生産性の低下、技術革新の停滞、デジタル化の遅延、金融緩和による円安定着などが挙げられている。個人的には、原油（資源）価格の高止まりも、貿易収支の赤字化・国富の流出を通じて、わが国の「貧困化」に相当程度寄与している気がする。時間が残されていれば、本書で取り上げた産油国の石油の「富」による国力の充実とは逆に、消費国の石油輸入支払いに伴う「富」の流出ついても、考えてみたい。

もちろん、若い研究者が、このようなテーマを研究、表してくれることは大歓迎である。一石油関係者として、国際政治学者や国際経済学者に、もっと原油価格変動の影響について、関心を持ってもらいたいというのも、本書執筆の動機であった。

脱炭素が本格化する今日、原油価格などもうどうでもよいのかもしれない。しかし、本書で言及したとおり、転換期には原油価格は高止まりする可能性が強い。さらに、本来の使命であるエネルギー安全保障を忘れ、欧州連合（ＥＵ）とともに、いまや脱炭素の旗手となっている「国際エネルギー機関」（ＩＥＡ）でさえ、２０５０年カーボン・ニュートラル実現を前提としたバックキャストの需要見通しで、２０５０年には現行需要の約４分の１の需要が残ると予想している。「石油の時代」は簡単には終わらない。

２０２４年３月　橋爪　吉博

●著者略歴
橋爪　吉博（はしづめ　よしひろ）

一般財団法人
日本エネルギー経済研究所
石油情報センター　事務局長

【略歴】
1958年　三重県津市生まれ
1982年　中央大学法学部法律学科卒　石油連盟事務局入局
1988年～1991年
外務省出向（在サウジアラビア大使館二等書記官・石油担当）
現地にて、湾岸危機・湾岸戦争を経験
1991年　石油連盟復帰
総務部、流通課長、企画課長、広報室長、技術環境安全部長等を歴任
広報室長時、東日本大震災を経験、マスコミ・消費者対応に当たる
2016年　石油情報センター出向、2019年4月より現職

【所属学会】
石油学会
エネルギー環境教育学会

【その他】
NPO法人国際環境経済研究所編集委員

新《あたら》しい石油《せきゆ》の地政学《ちせいがく》

発行日　2024年　3月25日　第1版第1刷

著　者　橋爪《はしづめ》　吉博《よしひろ》

発行者　斉藤　和邦
発行所　株式会社　秀和システム
〒135-0016
東京都江東区東陽2-4-2　新宮ビル2F
Tel 03-6264-3105（販売）Fax 03-6264-3094
印刷所　日経印刷株式会社　Printed in Japan

ISBN978-4-7980-7077-3 C0033